饲草产业高质量发展轻简技术丛书

饲草良种繁育轻简技术

SICAO
LIANGZHONG FANYU
QINGJIAN JISHU

林克剑　陶　雅　徐丽君　柳　茜　著

中国农业出版社
北　京

《饲草良种繁育轻简技术》

SICAO LIANGZHONG FANYU QINGJIAN JISHU

著者名单

主　著： 林克剑　陶　雅　徐丽君　柳　茜

著　者（按姓氏笔画排序）：

王金环　王建华　井志伟　边喜君　刘宏艳

齐丽娜　那　亚　李　峰　李文龙　李建忠

李晓燕　张海锋　张彩霞　张雅荣　宛诣超

孟庆全　胡志玲　黄　海　斯琴高娃　韩春燕

靳慧卿　魏晓斌

前言 PREFACE

草业要强，种业必须强。种业是现代草业的芯片，是建设草业强国的标志性、先导性工程，是国家战略性、基础性核心产业。2023年中央1号文件提出深入实施种业振兴行动。目前，我国草种业发展成效显著，苜蓿、羊草、无芒雀麦、老芒麦、饲用燕麦等优良饲草都是自主选育品种，有些饲草的种子自给率较高、自主性较强，饲草生产用种安全总体有保障，特别是生态修复用种安全性较高。但我国饲草产业用种对国外种子的依赖性还较强，如苜蓿产业80%以上用的进口种子，燕麦产业50%～60%用的进口种子。这种状况与我国草业大国地位不相称，与饲草产业高质量发展需求不相适应，亟须从基础强化草种、加强饲草良种繁育方面，推动草种业振兴取得新成效。

良种繁育就是研究繁育优良品种的种子，并在繁育过程中不断地巩固和提高良种种性。其主要任务是大量繁育新培育的或已经推广的良种种子，保障良种具有高而稳定的产量和优良的品质，并改善它的种性，以供大面积生产的需要。

本书内容的研究得到许多项目的资助，主要有：科技创新2030——重大项目“耐寒高产苜蓿品种设计与培育（2022ZD0401202)”、内蒙古自治区“揭榜挂帅”项目“优质苜蓿新品种选育及产业化示范（2022JBGS001602)”、农业重大技术协同推广计划试点项目“内蒙古地方优良苜蓿品种（敖汉苜蓿）全产业链现代化关键技术集成与推广应用”、国家乳业技术创新中心项目“奶牛优质饲草高产栽培关键技术研究与示范（2022-科研攻关-1)”、呼和浩特市科技计划项目“优质牧草培育和提质增产及土壤改良关键技术研究与集成示范——优质牧草（苜蓿）新品种选育与改盐增草水肥精准诊断关键技术研究与集成示范（2022-农-重-2-2）”、呼和浩特市科技创新领域人才项目“优质饲草丰产栽培和种子生产关键技术创新与示范（2022RC-产研院-2）”、中国农业科学院创新工程（CAAS-ASTIP-IGR2016-02）、中国工程院“乌蒙山区燕麦特色产业高质量发展与乡村振兴研究（2022-XY-54）”、中央引导地方科技发展资金项目“干旱半干旱区优质饲草节水增产增效技术集成与示范”以及“农业农村部饲草高效生产模式创新重点实验室”等，在此表示感谢。

本书主要介绍了常见优良饲草及其生长发育学特征、特性，主要饲草良种繁育技术、退化品种的提纯复壮技术、良种繁育的农艺措施和良种收获与清选等。从著者主观上出发，希望书中内容趋于完善，但由于研究经验不足，研究还比较肤浅，对问题的研判还不够准确，对技术的应用还不够恰当，书中不妥或错误之处，敬请读者批评指正。

著　者

2023年5月

目录
CONTENTS

前言

第一章

常见优良饲草

第一节　多年生豆科饲草

一、紫花苜蓿

紫花苜蓿（俗称苜蓿）（图1-1），原产于伊朗，现已在全世界范围内广泛栽培。西汉时期，汉使从西域大宛国将苜蓿种子带入我国，栽培至今。主要用作牧草或用于调制干草、青贮饲料。苜蓿适口性好，为各种家畜所喜食；营养价值高，特别是富含蛋白质，被誉为“牧草之王”，是我国主要的栽培饲草之一，也是种植面积最大的饲草，每年全国苜蓿草地保有面积300万～350万公顷。

图1-1　紫花苜蓿

苜蓿适应性强，喜温、耐寒，喜水、耐旱、忌积水，适宜土层深厚、疏松肥沃壤土，耐盐性较强，适宜中性至微碱性土壤。我国苜蓿的主要产区在西北、华北、东北地区以及江淮流域，因气候条件、灌溉条件以及土壤肥力等的不同，一般年产干草旱地320～400千克/亩*，水浇地600～800千克/亩，种子产量30～40千克/亩，高的可达60千克/亩。

---

* 亩为非法定计量单位，1亩≈0.666 7公顷。——编者注

二、黄花苜蓿

黄花苜蓿广泛分布于欧亚大陆，尤以西伯利亚和中亚地区为多。我国黑龙江、吉林、辽宁、内蒙古、新疆等地都有野生黄花苜蓿的分布。经栽培驯化和培育，其已成为重要的栽培饲草。由于黄花苜蓿具有突出的耐寒抗旱性，利用其特点与紫花苜蓿杂交，可以育成许多新品种，在寒旱区的饲草生产中发挥了重要作用。

黄花苜蓿主根粗壮，须根发达。茎平卧或上升，分枝多。黄花苜蓿营养丰富，粗蛋白质含量和紫花苜蓿不相上下，盛花期蛋白质含量 19.90%，纤维素含量低于紫花苜蓿，但结实后粗蛋白质含量下降明显。黄花苜蓿耐牧性强，可用于放牧草地建植，也可用于刈割草地建植，干草产量 450～600 千克/亩。黄花苜蓿种子产量比紫花苜蓿低一些，因此要精细管理，分期采收（图 1-2）。

图 1-2　黄花苜蓿

三、三叶草

三叶草是三叶草属（又称车轴草属）多年生草本植物，广泛分布于温带地区，共有 360 多个种，大多数为野生种，有少部分可作为栽培牧草，目前栽培较多的为红三叶草和白三叶草等。三叶草原产于欧洲和北非，目前世界各地均有栽培，喜湿润温暖气候，较耐旱、耐寒、环境适应性强，且具有很强的分蘖能力和再生能力，耐践踏、耐刈割，刈割后可较快恢复。三叶草含有丰富的可溶性碳水化合物及蛋白质，适口性好，是家畜的优良饲料，多用于饲喂反刍动物。

红三叶草又名红车轴草，在我国淮河以南地区栽培较多，喜温暖湿润气候，适宜水分充足、酸性不大的土壤；其产量高、营养价值高、耐刈性强、耐贫瘠、耐旱，是一种优质的牧草品种，每亩可收种子 15～40 千克。

白三叶草又称白车轴草（图 1-3），茎枝匍匐，再生力强，耐践踏，适于放牧，是禾本科牧草的理想伴生种，通常与多年生黑麦草进行混播。白三叶草种子产量与红三叶草相近。

图 1-3　白三叶草

四、沙打旺

沙打旺是一种优良豆科牧草和绿肥作物（图 1-4），主要分布于我国东北、华北、西北地区，抗逆性强，适应性广，具有很好的耐旱、耐寒、抗风沙、耐瘠薄等特性，但不耐涝；每亩可产鲜草 2 100～3 500 千克。沙打旺生长快，老化也早，盛产期又多阴雨天气，所以不适合制作优质干草，且干草调制时极易掉叶，调制成的干草茎叶比低，木质化程度高，饲用价值较低。此外，

图 1-4　沙打旺

沙打旺中含有有毒物质硝基化合物，有不良气味，适口性较差，长期大量饲喂容易引起中毒。因此，将其用于调制青贮饲料，经青贮发酵后既可以改善饲料的适口性，还有解毒的作用，提高了消化率，并能长期贮存且不变质。一般种子产量15～30千克/亩。

五、红豆草

红豆草为多年生草本植物（图1-5），根系强大，侧根细而多；茎直立，奇数羽状复叶，总状花序，花冠紫红色至粉红色；种子肾形，绿褐色，千粒重13～16克。红豆草对土壤要求不严，能在土层较薄的砂粒、石质、冲积土壤上完成生长和繁殖。红豆草适于温暖半干旱地区，由于其为深根型牧草，故耐旱性较紫花苜蓿强。在我国降水量为400～500毫米的甘肃、宁夏、陕西、山西等半干旱地区，红豆草是很有价值的多年生豆科牧草。红豆草抗寒性较弱，耐寒性不及紫花苜蓿，但早春萌发要比苜蓿早10～15天，生长较快。

图1-5　红豆草

红豆草适宜青饲、调制干草和放牧，营养价值高，各类家畜均喜食，其饲用价值可与紫花苜蓿媲美。分枝期、盛花期和成熟期干物质中粗蛋白质含量分别为22.49%、14.43%和5.847%。干草产量700～800千克/亩，种子产量30～50千克/亩。

六、山野豌豆

山野豌豆大多为野生种，有些种经驯化培育，已成为有价值的栽培饲草（图1-6）。我国北方各地均有分布，适宜在东北、华北、西北地区和内蒙古等地种植。山野豌豆为中旱生植物，适宜生长在年降水量为500～600毫米的地区。山野豌豆也较抗旱，干旱时能从土壤深处吸收水分，增强抗旱力；同时也较耐涝，在低湿或内涝时能加强氧气流通而使根部不受损伤。因此，山野豌豆既能生长在干燥的坡地，也能生长在低洼的湿地，成为到处可生长的常见饲草。山野豌豆耐寒性强，在苜蓿不能越冬的地方仍可以越冬。

图 1-6　山野豌豆

山野豌豆对土壤要求不严，有良好的适应土壤的能力，酸性土壤和碱性土壤均能生长，但以有机质含量丰富的微酸性至中性土壤为最适宜。

山野豌豆是优良牧草，蛋白质含量达 17.11%，牲畜喜食。可青饲、放牧或调制干草，干草产量 500～600 千克/亩，种子产量 20～25 千克/亩。

七、百脉根

百脉根是豆科百脉根属多年生草本，具主根，羽状复叶，伞形花序，花冠黄色或金黄色。种子细小，卵圆形，千粒重 1.0～1.2 克。百脉根喜欢温暖湿润的气候，对土壤要求不严，在沙壤土及土层较浅、土质瘠薄、微酸或微碱性土壤中均可生长，适宜在土壤 pH 6.2～6.5 的地区生长。抗旱能力强，可在白三叶草、红三叶草不能生长的干旱地生长，但抗旱能力不及苜蓿。幼苗不耐寒，成株耐寒力稍强，但气温低于 5℃时茎叶会枯黄，在内蒙古赤峰地区可安全越冬。可在排水不良的低洼地生长。不耐阴。

百脉根产草量高，寿命长，种子繁衍系数大，适应性强。营养丰富，初花期粗蛋白含量 3.6%，茎叶保存养分能力强，收割后养分流失少，品质依旧极佳。百脉根茎叶柔嫩多汁，口感好，适合各类家畜食用。干草产量 450～600 千克/亩，种子产量较高，可达 55～75 千克/亩（图 1-7）。

图 1-7　百脉根

八、尖叶胡枝子

尖叶胡枝子为多年生草本状半灌木（图 1-8）。适应性强，抗旱抗寒，耐瘠薄，病虫害少。基本分枝 2～7 个，茎直立，枝条上部形成大量分枝，叶量大；营养价值高，适口性好；青草、干草、调制青贮，各类家畜均喜食。尖叶胡枝子是干旱半干旱地区退耕还草、撂荒地植被恢复、沙地治理、退化草地改良等适宜的草种。旱地干草产量 350～420 千克/亩，水浇地 650～800 千克/亩。种子产量 45～55 千克/亩。

图 1-8　尖叶胡枝子

九、达乌里胡枝子

达乌里胡枝子为多年生中旱生草本状半灌木（图 1-9），适应性强，具有抗旱抗寒、耐瘠薄、耐践踏、病虫害少等特性，为优良的饲用植物。达乌里胡枝子叶量较丰富，粗蛋白和粗脂肪含量高；返春早、枯黄晚，由于枝条多为匍匐状，枝条基部与土壤接触处可产生较多的不定根，适宜放牧；幼嫩枝条各种家畜均喜食；生长期长，是改善干旱、半干旱衰退化草地、建植人工放牧地的优良牧草。旱地干草产量300～380千克/亩，水浇地干草产量550～700千克/亩。种子产量35～45千克/亩。

图1-9　达乌里胡枝子

十、鹰嘴紫云英

鹰嘴紫云英又叫鹰嘴黄芪（图1-10），原产于欧洲，我国从加拿大引进。根茎粗壮，在表层土中向四周匍匐生长，根茎芽出土后，即可形成新的分枝。茎匍匐或半直立。鹰嘴紫云英性喜寒冷湿润气候，在湿润的沙土或沙壤土上，根茎充分生长发育。鹰嘴紫云英对土壤要求不严，以弱酸性至中性土壤为宜。抗寒和耐瘠薄能力强于紫花苜蓿。

图1-10　鹰嘴紫云英

鹰嘴紫云英适口性好，且皂素含量低，不会引起家畜的鼓胀病，可用于建植刈草地或放牧地，用于放牧、调制干草或青贮。粗蛋白质含量 19.54%～22.67%，干草产量 450～600 千克/亩，种子产量 30～50 千克/亩。

第二节　多年生禾本科饲草

一、羊草

羊草为多年生草本植物，又称碱草（图 1－11），具有发达的地下根茎，是我国北方分布较广的一种优良旱生牧草，在辽宁、吉林、黑龙江、内蒙古、河北、山西、陕西等省份较为常见。羊草抗逆性非常强，能够耐寒、耐旱、耐碱，更耐牛马践踏，在平原、山坡等地均可适应生长。羊草还具有很好的越冬性，其生命周期一般不超过 15 年。羊草叶量多，营养丰富，青叶时富含蛋白质，最高时能达到干物质的 18%左右，且适口性好，受到各类家畜的喜爱。栽培条件下干草产量 800～1 200 千克/亩；种子产量一般 25 千克/亩，最高可达 40 千克/亩。

图 1－11　羊草

二、猫尾草

猫尾草又称梯牧草，是禾本科猫尾草属多年生草本植物（图 1－12），原产欧亚大陆温带，在美国、日本等国家被广泛栽培，我国东北、华北、西北地区将其作为重要牧草也进行了大量栽培。猫尾草喜温凉湿润的气候，抗逆性强，耐寒性较强，但不耐干旱和酷热，降水条件好时生长更为茂盛。猫尾草草质柔软，叶量大、营养价值高、适口性好，是饲喂奶牛等家畜的优质牧草，具有较高的推广和应用价值。通常每年可刈割 2 次，干草产量 600～850 千克/亩；种子产量 25～45 千克/亩。

图 1-12　猫尾草

三、多年生黑麦草

多年生黑麦草为禾本科植物（图 1-13），原产于亚洲西南部、南欧以及北非等地，现主要分布于我国华东、华中、西南等地区。其生长状况良好，目前在北方具备灌溉条件的河套灌区试种成功，能安全越冬。一般来说，温凉湿润气候、土壤肥力高的地方更适合多年生黑麦草生长。多年生黑麦草耐放牧，但耐寒、耐旱、耐热、耐阴性一般。多年生黑麦草基生叶发达，叶量丰富，粗蛋白质含量高、营养丰富，适口性好。

图 1-13　多年生黑麦草

根据其生长利用特点可分为两种类型。一是放牧型多年生黑麦草，分蘖多，晚熟，叶多茎少，生长缓慢，春季返青晚，水分适宜时，全夏季均可维持绿色。二是刈割兼用型多年生黑麦草，植株较高，直立，分蘖略少，叶多，具有较好的再生性。在河套灌区一年可刈割 3～4 次，干草产量 1 200～1 500 千克/亩；种子产量 120～150 千克/亩。

四、鸭茅

鸭茅是禾本科鸭茅属多年生草本植物，又称鸡脚草、果园草（图 1-14），原产于欧洲、北非和亚洲地区，现已在欧洲各地、非洲高原、北美洲东北部、南美洲、大洋洲及日本等温带地区栽培，为世界著名禾草之一。我国湖北、四川、云南、新疆各地均有生长，在河北、河南、山东、江苏等地有栽培。目前在北方具备灌溉条件的河套灌区种植能安全越冬。鸭茅是一种优良的牧草，春季发芽早，生长繁茂，每次刈割后再生速度较快，到晚秋时仍然青绿；含丰富的脂肪、蛋白质。由于开花后其质量降低，通常于抽穗前收割。在内蒙古河套灌区每年可刈割 3～4 次，干草产量 800～1 000 千克/亩，种子产量 30～45 千克/亩。

图 1-14　鸭茅

五、短芒大麦草

短芒大麦草俗称野大麦，多年生草本植物。常具根茎，秆丛生，直立（图 1-15）。产于黑龙江、吉林、辽宁、内蒙古、陕西北部、宁夏、甘肃、青海、新疆、西藏等地区。生于河边、草地较湿润的土壤上。适应性强，抗旱抗寒、耐盐碱，宜在盐碱地土壤生长，在含盐量 0.6%～1.1%的土壤上能正常生长。分蘖能力强，一般可分蘖 40～70 个，最高可达 130 多个。基生叶发达，草质柔软，粗蛋白质含量较高，为优良牧草，在内蒙古有栽培品种。干草产量

750～960千克/亩，种子产量40～65千克/亩。

图1-15　短芒大麦草

六、无芒雀麦

无芒雀麦又叫雀麦，禾本科多年生草本植物（图1-16），广泛分布于欧亚大陆温带地区，是世界范围内最重要的禾本科饲草之一。无芒雀麦在我国主要分布于黑龙江、吉林、辽宁、内蒙古、河北、山西、山东、江苏、陕西、甘肃、青海、新疆、西藏、云南、四川、贵州等地区。无芒雀麦对土壤类型要求不严，从黏壤到沙土均可种植；具有很强耐寒性，在高海拔地区，冬季最低气温在－30℃左右的地方仍可安全越冬。此外，还具有较强的耐旱性、耐湿性、耐碱性和耐放牧等特点。无芒雀麦是非常优良的牧草，营养价值高、产量高、可利用季节长。

图1-16　无芒雀麦

七、直穗鹅观草

直穗鹅观草，植株具根头；秆较细瘦，疏丛（图 1－17），为多年生疏丛禾草。分布于我国东北、华北、陕西、新疆等地区，内蒙古主要集中分布于大兴安岭南部山地、大兴安岭西麓、蒙古高原东部、阴山等区域。生长在山地疏林、草甸和灌丛间。林西直穗鹅观草基生叶发达，草质地柔软、叶量较多，孕穗期茎叶比高达 1∶1.27，茎叶比随生育期进程而增加；粗蛋白含量较高；返青早，枯黄晚，青草期长，既可放牧，也可刈割调制干草或作青贮，是建植优质高产人工草地的优良牧草。正常年份一年内可刈割 2 次，生长 2 年的干草产量 650～800 千克/亩，种子产量可达 40～55 千克/亩。

图 1－17　直穗鹅观草

八、老芒麦

老芒麦，根系呈须状，无地下根颈，茎秆簇生或疏丛状（图 1－18）。老芒麦为旱中生疏丛型禾草，产于黑龙江、吉林、辽宁、内蒙古、河北、山西、陕西、甘肃、宁夏、青海、新疆、四川、西藏等地。多生于路旁和山坡上。老芒麦喜湿润环境和肥沃土壤，不耐旱，不耐瘠薄，但具有一定的耐寒性，是半湿润、半干旱地区退耕还草、撂荒地植被恢复的重要饲草。老芒麦是披碱草属中利用价值最高的一种，叶量多，一般占产量的 40%～50%，质地柔软，适口性好，富含蛋白质，为优良饲草。在水肥较好的条件下，一年可刈割 2 茬，干草产量 400～650 千克/亩，种子产量 65～80 千克/亩。

图 1 - 18　老芒麦

九、垂穗披碱草

垂穗披碱草，疏丛型，根系发达，纤维状（图 1 - 19）。在我国西藏及西北、华北等地区有分布，目前在东北、华北、西北等地区均有栽培。适应性强，抗旱抗寒，对土壤要求不严。垂穗披碱草具有较强的分蘖能力和再生能力，一般播种当年分蘖可达 22～46 个。干草产量 400～520 千克/亩，种子产量 60～120 千克/亩。

图 1 - 19　垂穗披碱草

十、披碱草

披碱草又称野麦草，为禾本科披碱草属的多年生草本植物（图 1－20），是我国东北、华北、西北地区草原植被中的重要组成植物，易繁殖，耐旱、耐寒、耐碱、耐风沙。披碱草在播种当年苗期生长很慢，若是在春天播种，则当年部分枝条可进入花期，但不能结实，需要等到第二年后方可完成整个生育期。披碱草营养枝条较多，但茎叶比较高，即茎的含量大于叶片；由于其茎质地粗硬，影响了饲料品质，因而其饲用价值属中等水平。处于分蘖期的披碱草各种家畜均喜采食，抽穗期至初花期刈割调制的青干草家畜也喜食。披碱草刈割后具备再生能力，但再生草产量较低，利用年限相对较短，适宜的利用年限为 2～4 年。

图 1－20　披碱草

十一、碱茅

碱茅分布于我国东北、华北地区，目前有栽培品种（图 1－21）。碱茅抗盐碱能力较强，喜湿润，抗寒，有一定的抗旱能力，是改良盐碱地的优良草种之一。碱茅可用于放牧或调制干草，草质柔软，品质优良，为家畜所喜食。

图 1－21　碱茅

十二、其他科多年生饲草

华北驼绒藜为多年生旱生半灌木，耐寒、耐旱，是荒漠和半荒漠草地重要组成植物（图 1－22）。种植地宜选择沙质或沙地疏松土壤。播种前注意整地保墒，雨后及时抢墒播种。除直接播种种子外，还可在工厂化育苗后进行移栽，效果更好。

图 1－22　华北驼绒藜

第三节　一年生饲草

一、燕麦

燕麦是禾本科燕麦属一年生植物（图 1-23），也是一种粮饲兼用型植物，可分为皮燕麦和裸燕麦两大类型。其主要集中在北半球的温带地区，包括俄罗斯、加拿大、美国、澳大利亚和中国等国家。燕麦在我国主要分布于内蒙古、河北、吉林、山西、陕西、青海、甘肃等地，云南、贵州、四川也有少量种植。燕麦是主要的高寒作物之一，喜爱干燥的气候条件，具有抗旱、抗寒、耐贫瘠等优点，也适度耐盐碱，是高寒牧区公认的稳产、高产、优质的重要饲草料品种。燕麦中含有丰富的脂肪、蛋白质以及矿物质，含有较多的可溶性碳水化合物，有效纤维较多，木质化程度低，茎秆十分柔软且具有一定韧性，能给反刍动物提供大量营养，饲用价值极高，常用来饲喂牛、羊等牲畜。燕麦适口性好，消化率高，可调制出品质优良的青贮饲料，且能够保存很长时间。燕麦干草产量 650～850 千克/亩，种子产量 300～380 千克/亩。

图 1-23　燕麦

二、玉米

玉米是我国主要的粮食作物，也是优良的饲料作物（图 1-24）；地上青绿植株产量3 000～6 000 千克/亩，玉米在畜牧业生产上的地位要远远超过在粮食生产中的地位。玉米是畜禽最重要的高能量饲料，占世界饲用谷物总量的50%左右，同时也是一种很好的青贮原料。青贮玉米通常在乳熟至蜡熟期收获，其秸秆及叶片用作青贮发酵，既可以单贮，又可以与豆科等不易青贮的原料混贮。单贮时，可全株单贮，也可将玉米秸和玉米果穗分别单贮。发展青贮玉米既能满足奶牛、肉牛、肉羊等食草家畜全年饲料的充分供给，又能有效缓解人畜争粮的矛盾。

图 1-24　玉米

青贮玉米与一般饲料相比具有很多优势。第一，其生长速度快，茎叶繁茂，生物产量高，一般地上青绿植株产量不低于 4 000 千克/亩；第二，青贮玉米营养丰富，可溶性碳水化合物含量高，木质素和纤维素含量低，适口性好，易于消化和吸收；第三，其茎秆粗壮，耐密性好，抗倒伏能力强，有利于机械化作业，生产效率高。

三、甜高粱

甜高粱又称丽欧高粱或糖高粱（图 1－25），是一年生禾本科高粱属植物，原产于印度和缅甸，现广泛栽培于世界各地。我国自东北至华南地区均有栽培，但以黄河流域居多。甜高粱对土壤的适应能力较强，尤其是耐盐碱性甚至强于玉米，能够栽培在许多地区；喜温暖，具有抗旱、耐涝、耐盐碱等特性。甜高粱的株高可达 3 米以上，亩产 10 吨左右的青绿原料，产量高而稳定，其茎内糖分含量高，乳熟期糖分达 17%以上，可调制成优良的青贮料。

饲用高粱青贮时一般在蜡熟期收割，也可以粮饲兼用。近年来，各地大力推广各种甜茎型高粱青贮，每亩能够收获青绿原料 4 000～6 000 千克，籽粒 200～300 千克，具有很高的经济效益。甜茎型青贮高粱茎皮纤维较硬，但糖分含量较玉米高 10%左右，乳酸发酵良好，青贮品质优良。甜高粱比玉米更加耐湿抗涝，在不宜种植其他作物的涝洼地也可获得高产。

图 1－25　甜高粱

四、苏丹草

苏丹草为禾本科高粱属一年生草本植物（图 1－26），喜温，原产于非洲的苏丹高原。新中国成立前引进，南北各省份均有较大面积的栽培；苏丹草对不同环境的适应性极强，从南向北均能栽培。苏丹草植株高大，分蘖能力和再生能力强，生长迅速，枝叶繁茂，鲜草产量高。一般一年内刈割 2～3 次，留茬高度 7～8 厘米最佳；一般于抽穗期刈割调制干草，青饲以孕穗期利用最佳，此时营养价值、利用率和适口性都高；若是用于青贮，则可推迟到乳熟期。苏丹草产量高且稳定，品质好，营养丰富，其蛋白质含量居一年生禾本科饲草之首，但由于其干物质含量较低，多数用于饲料中的配合饲料原料。

图 1－26 苏丹草

五、御谷

御谷根系发达，基部可产生不定根，茎秆粗壮，直立株高 200～300 厘米（图 1－27）。基部分枝，每株分枝 5～20 个或更多。适应性强，从海南到内蒙古都可种植。耐旱性强，能在干旱气候和瘠薄土壤中生长，具有一定的耐盐碱性。

图 1－27 御谷

御谷茎秆坚硬，节较短，木质素多，故作饲用其质地不及甜高粱。青饲或调制干草时应在抽穗前或抽穗初期刈割，这时茎叶柔软，纤维含量低，粗蛋白含量较高。干草产量一般在 600～800 千克/亩，种子产量较低。

六、千穗谷

千穗谷在我国南北各地均有栽培，世界上亦分布较广。植株高大，一般在 150～200 厘米，有时达 300 厘米之多。茎粗壮，直立，细嫩多汁，多分枝。不耐旱，在干旱半干旱区栽培，要有足够的水分才可获得高产（图 1－28）。

图 1－28　千穗谷

千穗谷是优质青绿饲料，多为青饲生喂，切碎或打浆，拌入预混料喂猪；也可作牛、羊的饲料，粉碎饲喂效果良好；还可与含水量少的饲草混合青贮，调制成优质的青贮料利用。

第二章 饲草生长发育的生物学特性

在草地经营中，栽培的牧草主要是多年生草类，由于生长年限较长，引种驯化的历史较短，以及利用的目的、方式不同，与一年生栽培作物相比较，多年生牧草具有某些特性。

第一节　多年生牧草的种子及其萌发

一、常见饲草种子千粒重

我国主要栽培的多年生牧草，多为禾本科及豆科两大类。禾本科牧草的种子，实际上是一个果实，通常称为颖果；豆科牧草的种子则是植物学上所称的种子。多年生牧草的种子一般小而轻，储藏物质少，且禾本科种子常具有芒及其他附属物。种子的大小，通常以千粒重表示（表2－1）。

表2－1　常见豆科及禾本科牧草种子的千粒重

单位：克

豆科牧草	测定品种数	平均千粒重	禾本科牧草	测定品种数	平均千粒重
紫花苜蓿	25	2.05	无芒雀麦	4	3.59
杂种苜蓿	5	1.94	扁穗雀麦	2	13.1
矩苜蓿	1	2.4	垂穗披碱草	3	2.87
天蓝苜蓿	1	2.2	麦宾草	2	2.98
沙打旺	4	1.6	肥披碱草	1	4.4
黄花草木樨	6	2.17	老芒麦	4	3.37
白花草木樨	5	2.12	多叶老芒麦	2	2.82
无味草木樨	3	2.4	披碱草	3	4.31
山野豌豆	3	17.07	蒙古冰草	1	2
春箭筈豌豆	11	58.15	梢形冰草	1	2
冬箭筈豌豆	3	33.9	速生草	1	3.6
广布野豌豆	1	17	纤毛鹅观草	1	4.4
羊柴	4	9.33	高燕麦草	1	5.6

（续）

豆科牧草	测定品种数	平均千粒重	禾本科牧草	测定品种数	平均千粒重
白花山黧豆	4	164	草地狐茅	2	1.9
红豆草	4	19.1	多年生黑麦草	1	2.4
红三叶草	2	1.8	猫尾草	1	0.4
杂三叶草	1	0.75	草地早熟禾	2	0.31
埃及三叶草	1	2.3	小糠草	1	0.15
达呼里胡枝子	1	2.2	扁茎早熟禾	1	0.4
柠条	2	37.93	中华早熟禾	1	0.27
			苏丹草	11	12.63

注：本表系根据彭启乾、铁卜加草原试验站、李敏、陈宝书等试验测定结果综合而得。

从表2-1中可以看出，除了几个大粒种牧草外，大部分的牧草种子都属小粒种。谷子是一年生栽培作物中种子较小的一种，其千粒重亦常较紫花苜蓿高出1.5～2倍。在禾本科牧草中，猫尾草、草地早熟禾的种子是很小的，它们的千粒重不超过0.5克，而小糠草的种子千粒重仅0.15克。

由于多年生牧草的种子小而轻，种子中所贮藏的营养物质也就相对的要少一些。例如，将红三叶草、紫花苜蓿及春箭筈豌豆种子的各个部分的相对重量进行比较，红三叶草种子的子叶占总重量的50%，种皮占34%，胚占16%；紫花苜蓿相应为55%、31%及14%；春箭筈豌豆相应为85%、13%及2%。豆科牧草种子的子叶及禾本科植物种子中的胚乳，是种子储藏营养物质的主要部分。它们所占的比重愈大，所储藏营养物质的数量相对的要多一些；相反，小粒种的多年生牧草的种子，其子叶及胚乳所占的比重少，绝对量更少，因而所储藏的营养物质就相对的要少一些。这些为数不多的营养物质，在种子萌发的过程中，又大部分耗于萌发时，因而多年生牧草萌发后所留下的能供幼芽及幼根继续生长的营养物质也就少了。种子萌发后所遗存营养物质的多少，对于幼芽的出土、定植及生长均具有重要意义。

在生产实践上，为了加速牧草及作物的生长发育，经常将萌动的种子进行春化处理。但是，研究证明：多年生牧草在萌动的种子中通常是不能完成春化的，其原因即在于种子中所储藏的营养物质很少。

牧草种子的上述生物学特性，在牧草栽培中对土地的要求，对播种及种子储藏、清选工作都具有实践的意义。

牧草种子经萌发后，才能形成新一代的植株。牧草种子如同其他农作物一样，要完成其萌发过程，需要有两方面的条件：一是内因条件，即种子具有萌发的能力；二是要求必须有一定的外界环境条件。

牧草种子作为一个群体，成分是比较复杂的，其中主要为本品种种子，但往往会夹杂着一些其他品种的种子，此外还有一定数量的混杂物，如废种子、有生命的杂质及无生命杂质等。牧草种子作为播种用时，应进行种子检验及种子清选工作，以确保播种材料的种用价值。

二、种子萌发的内因条件

（一）种子的休眠

在多年生牧草种子中，有一些种子虽然在形态学上已达成熟并且有生活能力，但在给予适宜的萌发条件时，往往也不萌发，根据种类、品种不同，会需要数月、数十天或数年之后才具有萌发的可能性，这种现象称为种子的休眠。种子的休眠是植物在很长时间的历史发展过程中所形成的一种适应性，可以使种子有抗御和适应不良外界环境条件的能力，保证其种的延续，世代长存。因此，从植物本身来说，种子休眠具有一定的生物学意义。但从农业生产的角度来看，种子的休眠也会给生产带来一定的困难。因此，了解了这些特性，并在播种之前进行相应的种子处理，就可提高种子的萌发能力。

植物种子休眠的原因有如下几种：

第一，胚未成熟。有些植物的种子，种熟而胚未成熟，为了进一步发育，种子必须吸收水分并保持在有利的温度下，其所需时间视种类不同需要 10 天以至几个月。

第二，光敏感。种子萌发对光的需要可分为 3 种类型：一类是喜光种子，萌发时需要一定的光照；二类为忌光种子，暴于光下妨碍萌发，需要黑暗的环境；三类是对光不敏感的种子，无论在光照和黑暗下均可萌发。

第三，种皮不透性。有些植物的种皮坚硬致密，造成不透水、不透气，因而内部代谢很弱，使种子长期处于休眠状态。

第四，种子未完成后熟。

第五，抑制物质的作用。有些种子本身因含有某些能抑制种子萌发的化学物质，影响种子萌发，使种子处于休眠状态。已知抑制发芽的物质有氨、氰氢酸、乙烯、芳香油类、芥子油类、植物碱类、不饱和酸类等。例如，地下三叶草种子由于产生乙烯而休眠，只要用 2.5% 的二氧化碳，就可以将其休眠打破。

在牧草及饲料作物中，造成休眠最普遍的原因，是种子的不透性和种子未完成后熟。

（二）硬实种子

很多豆科牧草的种子在适宜的水、热条件下，由于种皮的不透水性，不能吸水膨胀，长期处于干燥、坚硬的状态。这些种子统称为硬实种子，俗称铁豆子或铁子。豆科牧草含有硬实种子的特性，称为硬实性；含硬实种子的百分率，称为硬实率。

常见的豆科牧草的硬实率是：白花草木樨为39%，红三叶草为14%，绛三叶草18%，白三叶草35%，紫花苜蓿10%，杂种紫花苜蓿20%，黄花苜蓿30%，红豆草10%，百脉根42%。一些一年生的豆科牧草及饲草作物，也不同程度地含有一定数量的硬实种子。野生种及引入栽培历史较短的豆科牧草，其硬实率较栽培种高，如野生黄花苜蓿种子的硬实率为60%，而经人工培育的仅为26%。野生天蓝苜蓿的种子，经储藏6年后，其硬实率仍高达90.5%；野生达呼里黄芪的种子，经储藏5年后，硬实率为90%；野火球相应为79.5%。

硬实种子具有一系列的特性：

第一，硬实种子萌发很慢，有些种子甚至长期不萌发。研究发现，保存14年后的白花草木樨，其硬实率仍可高达53%；保存13～15年的红三叶草种子，硬实率为2.3%～3.0%；保存5年的红豆草种子，其硬实率尚有14.2%。

第二，硬实种子对外界环境条件具有很强的抵抗能力。如苜蓿及草木樨的硬实种子，在2 000个大气压的液体静力学压力下，未发现其生活力下降；只有在压力超过了4 000个液体静力学压力时，才发现有破损现象。

第三，硬实种子具有耐低温的能力。1978年，研究人员将草木樨（储藏4年后）及紫花苜蓿（收后1年）的种子置于液氮下（－190℃），草木樨浸泡30秒至4分钟，结果萌发率较对照组提高了72%～78%（对照组为153%），硬实率较对照组减少了73.3%～78%（对照组为84.3%）；紫花苜蓿处理30秒至2分钟后，其萌发率较对照组增加了27.7%～31.0%，硬实率较对照组下降了25%～28%。

第四，硬实种子具有一定的遗传性。豆科牧草硬实种子的不透水性，根据研究与其种皮的结构有关。很多研究者认为，种皮的不透水性与种皮外表的角质层有关，它是一种坚韧、致密的蜡状物质，起决定作用的不是它的厚度，而是角质层的种类。

硬实种子的形成，与其遗传性有关，此外，一系列的外界环境条件和因素与硬实程度有关。气候条件对硬实种子的形成有很大的关系。如白花草木樨在炎热而干燥的气候条件下成熟时，硬实率可达98%以上，若成熟时遇雨，则几乎百分之百的种子不形成硬实；土壤中含钙高或施用石灰较多的情况下，种子的硬实率高。此外，种子的硬实率和种子的成熟度、种子在同一植株上的不同部位、种子的干燥方法和储藏条件以及种子的形状、粒级、颜色等，均有一定的关系。

用未加处理的豆科牧草种子，特别是新收获的小粒种子播种时，造成出苗不齐或不出苗的事例，在生产上是屡见不鲜的。为了提高豆科牧草种子田间出苗率，保证播种质量，在播种之前，应进行种子处理。

（三）种子的后熟

很多禾本科牧草包括一年生作物新收获时，在适宜的萌发条件下不能立即萌发，需要储藏一段时间以后才能正常萌发。这是由于这些种子的胚虽已形成并达到成熟的状态，但由于未能达到生理上的成熟，需经过一段时间，在储藏过程中进行一系列生理—生化变化才能萌发。这个过程，称为种子的后熟。例如，新收获的玉米，其发芽率为75%，经储藏30天后，发芽率提高到98%；新收获的燕麦，其发芽率仅为34.4%，储藏2周后为87%，4周后为89.2%，6周后达97.6%。

通常以80%以上的种子能发芽作为渡过休眠期的标准。一般牧草及禾谷类饲料作物通过后熟所需要的时间自几天、几个月乃至一年以上。国外曾据此将禾草划分为3类：第一类的休眠期一般为30～45天，如猫尾草、多年生黑麦草、草地狐茅、高燕麦草、无芒雀麦等；第二类的休眠期为60～70天，如鸭茅、红狐茅；第三类的休眠期为70～120天，如草庐、草地早熟禾以及一些野生的多年生禾草。

关于我国北方地区习见的禾本科牧草种子后熟期的长短，笔者曾进行过一些研究：种子休眠期在6～7个月或以上的有野黑麦、沙生冰草、中间偃麦草；4个月左右的有肥披碱草、扁茎早熟禾；3个月左右的有老芒麦、高加索老芒麦；15～20个月的有看麦娘、披碱草；1～1.5个月的有垂穗披碱草、青海鹅观草、无芒雀麦、蒙古冰草、披碱草、短芒披碱草等；1个月以下乃至10天左右的有冰草及草地早熟禾等。

种子后熟的原因是缺乏萌发时所需要的可溶性营养物质。与成熟以前不同之处，是营养物质的积累已停止，但仍继续将简单的物质转变为复杂物质。后熟过程中，氧化还原酶类的活性降低，呼吸强度减弱，水解酶由游离状态转为吸附状态，储藏物质的转化是由氨基酸合成蛋白质，可溶性糖类合成淀粉，游离脂肪酸与甘油酸合成脂肪，种子酸度降低，而蛋白质、脂肪及淀粉的含量相应提高。由此可见，在后熟期间酶主要起着合成作用，使种子内储藏的物质呈不可摄取状态，而种子萌发必须有能被胚所同化利用的水解产物，这种水解物质的形成，还需要有一定时间才能完成。已完成后熟作用的种子，则主要进行水解作用。

可利用的水解产物的形成与赤霉素的能力有关。这种赤霉素的形成或量的增加，必须通过一定的储藏时期才能形成。

有些禾本科牧草的种子休眠，也与种皮的不透气性有关，当剥去或擦破种皮，或给以双氧水处理，都能促进氧气进入，从而促进萌发，因为赤霉素的形成和活化以及水解过程的出现，都需要有氧参与。

禾草种子后熟期的长短，与种子的成熟度有关，一般收获早的，种子的后熟期短一些。种皮颜色与种子的后熟也有一定相关性，据研究，白色种皮的较红色种皮的后熟期要短一些，这是由于红色种皮有色素物质，种皮较厚，种皮的透性也较差，在呼吸强度上也较低。不同储藏条件对种子的后熟有一定作用，高温有利于后熟期的迅速通过，而低温则有延缓的作用。种子含水量高能延长后熟期，干燥促进物质的转化，可加速其后熟。成熟期雨水过多，种子中酶的活动趋向水解，此时种皮虽由于潮湿而处于透气不良状态，但雨水中所溶解的氧气，可以渗入种子内部，特别是温度较低时，氧气的溶解度增加，能使处于休眠状态的种子很快地苏醒。为了加速种子后熟，也必须进行相应的种子处理。

三、种子萌发的外界条件

已有萌发能力的种子萌发尚需要一定的外界环境条件，最主要的有水分、温度、空气及某些种子所需要的光照或黑暗条件，其中以水、热条件为最。

（一）水分对种子萌发的影响

植物种子在萌发时，首先需要吸收大量水分。研究证明，牧草种子在温度为15～20℃时的吸水量，占种子干重的50%以上，如草庐为53%；在豆科牧草中，白三叶为102%；在一年生牧草中春箭筈豌豆为97.3%。一般高于栽培的农作物。总的说来，含蛋白质、脂肪成分较高的种子，萌发时吸水较多；此外，具稃的禾草种子较去稃的吸水多。

在田间条件下，种子萌发所需要的水分来自土壤。研究证明，视牧草种类不同，最适于禾本科及豆科牧草种子萌发的土壤湿度为土壤最大田间持水量的40%～80%。很多牧草种子在土壤湿度低至15%～20%时也能萌发，但其萌发的速度慢，出苗率也很低；当土壤湿度达80%或以上时，由于氧气供应不足，牧草的发芽势及发芽率反而降低，霉烂的种子数增加。

在豆科及禾本科两大类牧草中，一般说来，豆科牧草种子以土壤持水量40%～60%时萌发最好；低于40%，其发芽势及发芽率显著降低。禾本科牧草种子的萌发对土壤的含水量要求较低，当土壤含水量低至最大田间持水量的20%～25%时，其发芽势及发芽率均大大高于同一含水状态下的豆科牧草。

（二）温度对种子萌发的影响

温度条件是牧草种子萌发所必需的另一重要因素。牧草的种子只有在一定温度条件下才能萌发。通常把种子萌发的温度分为最低、适宜和最高3类，视牧草种类不同，其萌发时所要求的温度也不同。对于大多数豆科牧草如苜蓿、红豆草、三叶草、百脉根、春箭筈豌豆及羽扇豆的种子，萌发的最低温度为2～4℃；而大多数禾本科牧草如猫尾草、无芒雀麦、牛尾草、草地早熟禾、小糠草等，种子萌发的最低温度则较高，为5～6℃；只有一年生或多年生黑麦草的种子能在2～4℃时萌发；苏丹草这一类喜温的禾草，其种子萌发的最低始温为8～10℃。

禾本科牧草种子萌发比豆科牧草种子萌发要求较高的温度。在较高温度条件下，禾本科牧草的发芽势及出苗率均较高，而豆科牧草在较低的温度条件下亦能萌发。

在多年生禾本科牧草中，特别是老芒麦、冰草，在较低温条件下（7℃）不能萌发或几不能萌发，鸭茅、草地看麦娘也萌发很差。

至于种子萌发最适温度，研究证明以20～25℃为最适。但是禾本科及豆科牧草也有某些差异。豆科牧草在温度为20℃及25℃时，无明显差异，当温度升至30℃时，其发芽势及发芽率则有较明显地降低；禾本科牧草种子的萌发，在25℃时优于20℃，至30℃时其发芽势及发芽率虽有所下降，但下降不很显著，而且高于同一温度条件下的豆科牧草。因此，可以认为，豆科牧草萌发的最高温度为32～35℃，而禾本科牧草则在35～37℃。

在自然条件下，早春气温较低，且经常出现冻害，根据研究，低温不仅能使萌发的牧草遭受冻害，而且对已膨胀的种子也有不良影响。因此，在春播及寄籽播种的情况下，正确地掌握播期，对于预防冻害具有重要的意义。

牧草种子的萌发是处于水、热条件相互配合时发生的。因此，研究水、热条件的综合作用及对牧草萌发的影响，具有更为重要的意义。

无论禾本科、豆科牧草，在最适宜的温度和湿度条件下，种子萌发迅速而整齐。在一定温度条件下，特别是在较低温条件下，豆科牧草的萌发速度及整齐度，随湿度的增加而增加。禾本科牧草在较低的温度条件下萌发的速度及整齐度虽也随湿度的增加而增加，但不如豆科牧草显著；反之，当温度升高时，即使在水分条件不甚充足，其种子萌发的速度及整齐度仍增加显著。

因此，在实践上，根据禾本科及豆科牧草种子萌发的生物学特点，并结合当地的具体条件来选择适宜的播种时期，具有重要的意义。

第二节　牧草的枝条生长及发育

一、幼芽与幼苗的形成

禾本科牧草的种子萌发之后，胚乳及盾片仍然留在颖果播种时的土层深处，胚芽及包裹它的胚芽鞘由于中胚轴的生长而被顶出土面。中胚轴的伸长是一种暗反应，当胚芽鞘顶端出土见到阳光后即不再伸长；当播种较深时，第二节间的伸长可以补充中胚轴生长，使胚芽处于接近土表的位置上，而这种伸长的能力，与某一牧草胚乳中储藏营养物质的多寡有关。

胚芽鞘出土后，中胚轴的生长变为胚芽的发育，主枝上第一片叶子很快地自胚芽鞘中伸长出来，并且很快形成叶绿素。在这段时间内，绿色组织的光合效率较弱，它只能与由于呼吸造成的养分损失相平衡，枝条的继续生长仍然需依靠胚乳中储藏的营养物质。因此，可以说出苗的初期是幼苗发育的临界时期，在正常情况下，当第一片叶子充分开展的时候，光合作用的速度可能有助于以后的生长，从下面的节上很快地就长出节根（次生根）来。

当禾本科牧草形成 3～4 片叶子时，在母枝枝条叶鞘内的节上形成新芽，以后即由此发出新的枝条，进入禾本科牧草侧枝形成的时期。豆科牧草种子中的营养物质储藏于子叶里，它的萌发由于下胚轴及上胚轴的发育情况不同而有不同。下胚轴发育的豆科牧草，在胚根出现后不久，下胚轴开始生长，将子叶推出地表，胚叶位于两子叶间；另一些豆科牧草在胚根出现后，上胚轴开始生长，将胚芽推出地表，而将子叶留于土中。

子叶出土的豆科牧草，出苗后子叶立即展开，它除了作为植物营养储藏的器官以外，也是幼苗最先的光合作用器官。豆科牧草幼苗早期的生长是由子叶供应其营养物质的，切除不同数量的苜蓿的子叶会使幼苗后来的生长大为减弱，这个影响的时间甚至可长达 5 个月之久。豆科牧草生长出的第一片叶子为单叶。依种类不同，豆科牧草的单叶在大小、形态、颜色及附属物的有无上有所不同，可以作为鉴别豆科牧草幼苗的标志。单叶以后，所生长出来的叶子则为成龄叶，它们依种类不同分为 3 片小叶所组成的复叶，以及奇数或偶数的羽状复叶。

如同禾本科牧草一样，豆科牧草在 3 叶期后，根颈上形成新芽，逐渐长出很多莲座状的叶丛，称之为分枝。

豆科及禾本科牧草早期生长很慢。根据在同一地区、同一条件下对牧草、作物及田间杂草在头 30 天内的生长速度的测定表明，草地狐茅、猫尾草、红狐茅、小糠草在第 30 天时的生长高度为 10～19 厘米，红三叶草为 10 厘米，而黑麦、燕麦、大麦在同一时间内的高度为 34～51 厘米，野荞麦为 38 厘米。

可见多年生牧草在播种后的 30～40 天甚至 50 天内生长是极其缓慢的。因此，播种前的土壤耕作及播后生长早期的田间管理工作极为重要。

二、分蘖或分支的产生

禾本科牧草生长至 3～4 片叶子时，即可自母枝上产生新的侧枝，称为分蘖，产生侧枝的时期为分蘖期。在母枝长出 3～4 个叶片时，禾草主茎上的第一个接近地面的节上形成幼嫩、约呈三角形的新芽，它被包裹于叶鞘内，由它形成新的侧枝。芽位于叶鞘内，能抵御外界不良环境条件的影响，并可得到叶进行光合作用所得到的营养物质。因此，芽和母枝是不可分开的。

由芽所形成的枝条露出叶鞘后，它还没有自己的根系。这时，这一幼龄的枝条如同芽一样，其营养物质依靠母枝，是一个不可独立的枝条。但是，禾草与其他植物不同之处，就在于它所形成的侧枝能生根。侧枝在叶鞘内出现 2～3 天后开始生根，母枝叶鞘被推向一边，或居于新枝的下面，它们的位置被新的侧枝所代替，有时很快地枯萎而成纤维状的残体，残存于枝条的基部。侧枝长出自己的新根以后，它可以从土壤中吸收水分和养分，而自己的叶也能进行光合作用制造养分。这时它已成为一个可独立生活的独立枝条，但与母体的联系并未中断。

在禾本科牧草第一个茎节上形成侧枝不久，第二个茎节上也依着上述的程序产生第二个侧枝，第三个茎节上产生第三个侧枝。凡由主枝上形成的侧枝，称为第一代侧枝或第二级枝条。

当第一代侧枝的枝条生长出 2～3 个叶片时，同样也可以开始进行分蘖，并按上述同一程序形成第二代侧枝或第三级枝。以后各代枝条的形成也与主枝上第一代侧枝形成那样，严格地遵守一定的程序，并依次逐渐形成以各代枝条组成的株丛。

禾本科牧草主枝及侧枝上能形成多少数目及几代的枝条，根据牧草的生物学特性不同而有不同，也与所处的外界环境条件有着密切的关系。禾草草丛的各级枝条在开始时，形态学上的差别是不大的，但由于它们所出现的时间不同，各级枝条的比例不同，其生物学意义是不同的，并且随着它们进一步的生长发育，在形态上也将出现明显的差异。

禾本科牧草分蘖产生侧枝，在一年中主要集中在夏秋季和春季。这两个时期所形成的枝条，无论在数量上和质量上都是不相同的。但是，也有一些禾草，在年中可以不断地形成侧枝。夏秋时期所形成的枝条，生长旺盛，而且枝条也较强壮，这是因为：夏秋分蘖所形成的枝条，是在达到开花结实的母枝上发育的，而春季分蘖所产生的侧枝则是年幼的营养枝上发生的。从植物所含可塑性营养物质的数量来看，成年枝条多于幼年枝条，同时，成年枝条拥有从土壤中吸收水分和营养物质的强大根系。因此，夏秋分蘖所形成的枝条能得到较充分的营养供应。再一点，夏秋分蘖是处于短日照条件下，气温也逐渐降低，从而限制了枝条向上生长和进一步发育，生命活动转向形成芽与枝条，因而夏秋分蘖的时间长，能形成较多的分蘖，枝条生长也较壮健。

在春季与夏秋分蘖期间，中间有一个时期停止分蘖，这是由于此时光合作用的产物用于茎的生长，从而抑制了植物进行分蘖。但也有一些禾本科牧草能在整个生长时期内不断形成分蘖，如草地早熟禾、红狐茅等下繁禾草，这与它们通常形成较少的生殖枝有关。

禾本科牧草在分蘖结束以后，一部分枝条继续发育，这时禾本科牧草由抽茎部（明显的茎节）和分枝部两部分枝条组成。后者即为下部所有缩短节间的、能产生侧枝的部分组成的分蘖带，禾草的分蘖取决于其分蘖带的大小。此外，枝条的生活周期、发育速度、寿命长短均与分蘖带的大小及其结构有关。

多年生牧草由分蘖所形成的枝条是否能通过拔节、开花结实等发育时期与其阶段发育的特点及外界环境条件有着密切的关系。而多年生牧草在通过阶段发育上与一年生植物相比较又有其特异之处。

首先，多年生牧草的春化阶段是在绿色状况下通过的，而不是在萌动的种子中。

其次，由于多年生牧草是依靠分蘖进行营养繁殖的，而阶段发育又是在茎的生长点内进行的，生长早期所形成的分蘖带，是未完成春化阶段的部分，因而由分蘖带所产生的各个侧枝，都要单独通过自己的各个发育阶段。

这些特点决定着不同生物学类群牧草侧枝进一步发育的程度。禾本科牧草的草丛如前所述是由一些各代侧枝所组成的，由于各个侧枝所形成的时期不同，在形成和生长的过程中所遇到的环境条件是不同的。因此，这些侧枝在阶段发育上，也就往往是不相同的，这就使得禾本科牧草草丛的枝条在形态学和生物学意义上就有所不同。

将成年的禾草植株进行分析，可以看到短营养枝、长营养枝、短生殖枝、长生殖枝。从生长发育的情况看，短营养枝是一些未完成春化阶段或虽已完成春化阶段但因营养供应不足而暂时处于这一状态的枝条；长营养枝是完成了春化阶段而未完成光照阶段的枝条；短生殖枝是一般完成了光照阶段但因其他条件不足而未能抽穗的枝条；长生殖枝则是完成了一切阶段的发育枝条。从草场利用的目的来看，上述各类枝条具有不同的价值。

多年生牧草由于通过春化所要求的温度及其延续时间不同而有冬性、春性及双性牧草之分。由于它们在通过阶段发育所要求的条件不同，因此特性不同的牧草阶段发育的情况和草丛中各类枝条的组成也不同。春性牧草由于能在较高的温度和较短的延续时间内通过春化阶段，在播种当年即可形成生殖枝。因此，春性禾草的成年草丛以生殖枝及短营养枝为主。当生殖枝生长时，由于营养不足，短营养枝停止生长。生殖枝刈割以后，营养物质转向暂时停止生长的短营养枝，使其继续生长，形成第二次生殖枝或长营养枝，这就使得春性禾草在一年中可以多次刈割，并且每次刈割的产量相差较小。由于冬性禾草通过春化阶段要求较低的温度和较长的延续时间，因此在播种当年不能形成生殖枝，只有在第二年，甚至第三年、第四年，在低温和持续较长的冬季条件下才具备。所以，播种当年及以后各年春季分蘖所形成的枝条，均不可能通过春化阶段而始终处于短营养枝的状况下，并一直保持到生长期结束。夏秋分蘖的枝条在冬季条件下能完成春化，第二年即可转变为长枝，进行开花结实。因此，冬性禾草草丛从成年的植株来看，主要是由长生殖枝组成，生殖枝的数目取决于上一年夏秋分蘖的生活条件，条件好、分蘖多，则第二年产生的生殖枝也就多，反之则较少。冬性禾草只有第一次刈割时能获得较高的收成，以后的刈割产量很低，或者不能形成适于刈割的再生草，只能形成短的营养枝。

双性禾草在春季播种时，如果时间较早，大部分的枝条可以抽穗开花；如果播种晚，则只有少部分的枝条可以抽穗，这是由于双性禾草通过春化阶段要求的温度及其延续时间介于冬性和春性之间。但也有人认为双性禾草是一种生物学中所谓的混合体，株丛中的枝条有的是春性的，有的是冬性的，因而在春播时，有的当年的枝条可以抽穗，有的则保持短枝状态。

冬性及春性禾草由于通过春化阶段所要求的温度及延续时间长短不同，分蘖带的结构也因此不同，从而决定着它们在发育速度和寿命长短上的差异。

冬性禾草在播种当年由于满足不了通过春化阶段所必需的条件，不能形成抽茎部，营养物质主要供于短的侧枝的形成上。因此，冬性禾草在播种当年形成大量的由主茎叶腋内形成的侧枝，使禾草的分带成为一种向上生长的所谓的上型结构；而春性禾草在播种当年分蘖的枝条很快完成春化，较迅速地形成抽茎部，使营养物质转向茎的生长，抑制了主枝叶腋内形成大量侧枝的可能性，使分蘖带向水平方向发展，形成所谓的平行结构。

主枝叶腋内所形成的侧枝愈少，生殖器官的发育愈早，植物比较早熟，寿命也相对较短；反之，主枝上发育的第一代侧枝越多，生殖器官的发育越慢，成熟越晚，植物的寿命也较长。

禾本科牧草枝条的进一步发育、抽茎部的形成和发育是通过枝条的生长点来完成的。最初是茎初生生长锥的形成，原始茎节、茎节间和茎叶鞘原始体加强和分化；通过及完成光照阶段的枝条，其生长锥（一次轴）伸长，同时生长锥下部茎片分化和鳞片状的包叶突起形成，并由包叶鳞片腋间生出小穗裂片，二次轴开始形成；随后颖片、稃及雌雄器官原始体开始形成，雄蕊和花粉粒的孢原组形成，穗轴节片延长和小穗的覆盖器官、小花及芒状体或芒生长。伴随着枝条拔节及孕穗，枝条抽穗并随着花器官的成熟而进入开花授粉，最后形成下一代的种子，枝条完成其生活周期而枯萎死亡。在枝条未死亡之前，夏一秋分蘖直至越冬前，在各类型的各代枝条上形成新的芽或侧枝；冬季来临后，地上部分的茎叶虽已枯死，但它们的生长点及其在叶腋中所形成的芽继续越冬，至翌年暖季来临时，枝条继续形成和分化，按上一年枝条及抽茎部形成和发育的方式继续生长、发育，直至植株整个寿命终结而终止。

豆科牧草在3叶期后，在茎的下部与根系的联结处，形成肥厚及膨大的部分，称为根茎，形成豆科牧草侧枝的芽即发生于根茎上。根茎随植物年龄的增长而深入土中，以抗御不良的外界条件，而且常常被撕裂成几个部分。豆科牧草侧枝与禾草侧枝形成的不同之处，一是侧枝均生自根茎处，二是所有的侧枝，除根蘖型及细匐茎型的以外，都不形成自己的根系。

豆科牧草产生分枝，由春季开始一直延续至秋季。由于豆科牧草的更新芽暴露在土表上或接近土表，易受冻害，而禾草的分蘖带则多处于地下，并被发育不全的叶和死亡的残株所保护。因此，豆科牧草一年中最后一次的利用不宜过晚，以便形成越冬前覆盖地面的新枝，并在根中储备足够的可塑性营养物质，以增强其越冬能力。

多年生豆科牧草的枝条形成和阶段发育，和一年生豆科牧草相似。冬性牧草春播时，第一年不能形成高生长的茎，而多处于叶簇状态，越冬后，第二年才能形成开花结实的枝条。生长多年的冬性牧草，春季形成的枝条也是这样。冬性豆科牧草的越冬性较强，但生长第一年发育较慢，如同冬性禾草一样，一年只能一次刈割；半冬性的豆科牧草，其枝条的发育与半冬性的禾草相似，生长的第一年只有少量的枝条能开花结实，而大多数处于短枝状态。春性豆科牧草春播时，第一年能形成开花结实的枝条，并且在刈后仍能形成，其再生能力较强，在一年内可以数次利用。

第三节　牧草的开花和授粉

牧草的开花和授粉，是牧草种子生产的重要环节。植物性器官形成之后，完成开花和授粉的过程。雄花的花粉与雌花子房中的胚珠相结合后，胚珠发育形成种子。因此，授粉的状况如何，在很大程度上决定着种子的产量和品质。

牧草可分为自花授粉、异花授粉和常异花授粉3类，这与它们的形态特征及开花生物学特性有关。了解这些特性与特征，并依此采用相应的技术措施，在牧草种子生产和育种工作上，是有重要意义的。

一、禾本科牧草开花授粉的生物学

多年生禾本科牧草大多数属于异花授粉的植物，表现出异花授粉的特殊适应性。禾本科为风媒花植物，其花没有鲜艳的颜色，外形亦少具有吸引能力，花小而多，由一至数朵合成小穗，再由许多小穗密集成长为圆锥花序、总状花序和穗状花序。至开花时，花序伸出于草丛之上，风经常摇动花序使其彼此撞击，具有等长的花丝于风中摆动，花药从稃中伸出，颗粒细小、数量多而干燥的花粉随即从成熟的花药中大量散出，被风吹至邻近的植株上，这样促使不同的混合花粉落于柱头上，从而保证了禾本科牧草正常的异花授粉过程。

多年生禾本科牧草虽属于异花授粉植物，但不同的种自花授粉程度不同。不同的多年生禾本科牧草在隔离时及自由授粉时的结实率不同（表2-2）。

表2-2 一些禾本科牧草在不同授粉情况下的结实率

单位：%

牧草种类	生活年限	隔离时	自由授粉时
短芒披碱草	3年	39	60.3
老芒麦	3年	6.7	18.1
麦宾草	3年	17.6	57.3
垂穗披碱草	3年	3.8	16.2
小糠草	2年	1.6	75.28
无芒雀麦	—	5.16	29.58
苇状孤茅	2年	9.6	68.05
草地狐茅	2年	15.3	77.54
多年生黑麦草	1年	1.66	2.24
猫尾草	2年	2.81	28.27

由表2-2可以看出，很多禾本科牧草虽具有自花结实的可能性，但其结实的比例比自由授粉时少。不仅如此，在隔离自花授粉条件下，种子的质量也比自由授粉时要差得多。很多多年生禾草在正常情况下自花授粉是不孕的。

不同种类的禾本科牧草开花习性不同，这表现在它们的开花期及开花持续期、一穗开花动态、一日开花的时间及开花顺序上是有所不同的。禾本科牧草的开花期多在6月中下旬至8月上旬，这取决于不同牧草从返青至开花时所需积温的多少，也与开花时的日照长短有一定的关系。整个草丛开花的持续时间长短及整齐度也因品种不同而有不同，有的为一周左右，多的可达20余天，这一方面取决于物种的生物学特性，另一方面与开花时所处的气候条件也有关，阴雨天花不开放，开花时温度太低、湿度过高或过低，均影响其开花持续期的长短。

禾本科牧草单穗开花的延续时间及大量开花的时间，不同的种是不相同的，一般为6～8天，以开花后的2～5天内开花最多，但有的也可长达10余天，这同样取决于牧草的生物学特性与外界环境条件。

各种禾本科牧草在一日内的开花时间也是不相同的，有的在3:00—5:00，有的在11:00—13:00，有的在16:00—18:00。这主要是不同的牧草开花所要求的外界环境条件不同，一般而言，禾本科牧草开始开花的气温在10℃以上，低于10℃即停止开放。开花时的相对湿度，根据对猫尾草等8种禾草的研究表明，视牧草种类的不同，开始开花的湿度为80%～90%，结束时为50%～80%。一些原产于干旱地区的牧草，开花时对湿度的要求较低，如羊草、冰草等的相对湿度为50%～70%，有的甚至在35%～40%时亦能大量开花。

禾本科牧草一个花序的开花顺序是有所不同的，大致可以分为两类：圆锥花序的牧草，顶端小穗首先开放，然后向下延及，基部的小穗最后开放；穗状花序的牧草，花序上部1/3处的小穗首先开放，然后逐渐向上下延及。在一个小穗中，不论圆锥花序或穗状花序的牧草都是小穗下部的小花首先开放，然后顺序向上延及。苏丹草的开花顺序同圆锥花序，但两性花先开放，经4～5小时后，雄性花才开放，然后两类花同时结束。

最常见的一些禾本科牧草的开花习性列于表2-3。了解这些习性对于进行人工辅助授粉及杂交育种工作，都是十分重要的。

表2-3　一些禾本科牧草的开花习性

种类	开花期	单序开花期	一日内开花的时间
羊草	返青后50天左右	16天，以开花后第二天达最高	14:00—18:00，以15:00—16:00开花达高峰
冰草	返青后65～66天	13天，以第八天为最高	14:00—18:00，以14:00—15:00达最高峰
无芒雀麦	返青后60天左右	16天，以第三、四天为高峰	14:00—19:00，以18:00—19:00为高峰
猫尾草	6月中、下旬	4～6天	2:00—4:00，以3:00—4:00开花最多
草地狐茅	6月中、下旬	6～8天，以第五、六天达高峰	3:00—9:00，以5:00—8:00为高峰
高燕麦草	6月中、下旬	6～8天，以第二至五天达高峰	2.30—7:00，以4:00—7:00开花最多

（续）

种类	开花期	单序开花期	一日内开花的时间
鸭茅	6月中、下旬	7～8天，第三至七天大量开放	3：00—9：00，以3：00—7:00开花最多
看麦娘	5月下旬至6月上旬	8～10天，第四至七天大量开放	2：00—6：00，以3：00—5:00最盛
多年生黑麦草	6月中、下旬	7～8天，大量开花时间为第三至五天	3:00—5:00
披碱草	6月下旬至7月上旬	8～9天，以第二至四天内开花最多	13：00—16：00，以14：00—16:00为最高峰
老芒麦	6月下旬至7月上旬	8～9天，以第二至四天内开花最多	10：00—17：00，以11：00—14:00开花最多
苏丹草	出苗后80～90天	7～8天，大量开花在第四、五天	3:00—4:00

二、豆科牧草开花授粉的生物学

豆科牧草开花授粉的方式可分为异花授粉、常异花授粉和自花授粉3类。

（一）异花授粉的牧草

属于异花授粉的有几种胡枝子属牧草（如二色胡枝子、中间胡枝子、日本胡枝子）、百脉根、紫花苜蓿、黄花苜蓿、黄花草木樨、红豆草以及几种通常栽培的三叶草属植物（如埃及三叶草、杂三叶草、红三叶草、白三叶草）。这一类牧草由于天然异花授粉的结果，遗传性较为复杂，从育种的工作来看，通常用一次选择的方法很难获得稳定的后代。

（二）常异花授粉的牧草

常异花授粉的牧草有野草木樨、岩黄芪、狭叶及黄花羽扇豆、天蓝苜蓿、白花草木樨、草莓三叶草、绛三叶草及毛野豌豆等。这一类牧草的授粉方式是不定型的，某单株当代的遗传性，依该单株当年及早前授粉情况而定。

（三）自花授粉的牧草

自花授粉的牧草有猪屎豆属、山黧豆属、鸡眼草属，此外南苜蓿、印度草木樨、春箭筈豌豆、狭叶野豌豆和三叶草属中的地三叶等。这一类牧草的遗传类型属于简单的遗传性，个体之间具有相对的一致性。所有自花授粉的多年生牧草，都是虫媒花植物，它们花的形态及开花特征具有被昆虫访问的适应性，花很多而集成大型花序，具有鲜艳色泽的花冠，并发生招引昆虫的强烈香味；豆科牧草花冠深处具有花蜜，花粉较大而重、有胶质或具不平滑的表面，这样使花粉容易沾于昆虫的身体上及花的柱头上。由于昆虫在短期内采集了很多的花朵，因此其身上沾着了许多混合花粉，而花蜜常深埋于花冠处，迫使昆虫在采蜜时与花的各部分接触，从而将花粉带到柱头上。

豆科牧草的花序从植株下部向上部逐渐形成。在一个花序上也是下面的花先出现。因此，花的开放也是由下向上逐渐开放的。一个花及花序开放时间的长短，视品种及外界环境的状况而有不同。由于花序是在不同时期内形成的，因此一株豆科植物开花的时间也同样视种类、品种和外界条件而有所不同。

豆科牧草花的数量很多，据统计，紫花苜蓿及红三叶草在 1 亩地上约有 1 600万～1 700 万朵，白三叶草为 666 万～930 万朵，绛三叶草为 600 万朵，杂三叶草及黄花草木樨为 330 万朵，毛野豌豆为 213 万朵。这些数字表明，为了正常的授粉，要求有千千万万的昆虫授粉者。授粉不充分常常是紫花苜蓿种子生产力不稳定的重要原因。因此，实践上常在豆科牧草种子田边配置一定数量的蜂巢，以促进其授粉，提高种子产量。

常见的豆科牧草开花习性，列于表 2－4。

表 2－4　常见豆科牧草的开花习性

种类	开花顺序	一日内开花的时间	全序开花持续时间
紫花苜蓿	下部腋生花序先开，上部的依序后开；在一个花序上，下部的先开	5：00—17：00，其中 9：00—12：00开花最盛	2～6 天
草木樨	无限花序，草木樨一个总状花序下部的花先开，然后向上延及	14：00—15：00	8～10 天
红豆草	最早从茎生枝的下部花先开自下而上，侧生枝在主枝花序开放后开放	4：00—21：00 均开放，9：00—10：00 和 15：00—17：00 开花最盛	10～13 天
红三叶	总状花序，下部花先开，并向上延及，每日开 2～3 层	8：00	3～10 天
箭筈豌豆	下部花先开，两花一先一后	10：00—20：00	1 天
毛苕子	无限花序，下部花先开，并向上延及	整日	20～28 天
白花山黧豆	下部花先开	10：00—20：00	—

第四节　牧草地下部分生长发育的生物学

一、幼根的产生

植物的根系从土壤中吸收水分和无机化合物，并参与很多有机物质的合成，决定着体内新陈代谢的过程。因此，整个植物的生命活动、产量的收成与品质，都与根系的活动有密切的关系。此外，根系在土壤肥力的形成以及植物对不良环境的抵抗力上也具有重要的意义。

牧草播种后，当环境条件适当时开始萌发。首先是胚根的生长。夏播的豆科牧草的种子在播后3天即可产生幼根；禾草约在3～5天后产生初生根，次生根产生的速度视种的不同而有不同；牛尾草、高燕麦草、无芒雀麦、小糠草、红狐茅在播后16～17天后产生次生根，而猫尾草、鸭茅、看麦娘、草地早熟禾则较晚一些，约在播后20～30天后产生次生根。

二、根系的生长

多年生牧草的根系在播种当年的几个月内，发育是很快的，但其程度又随种类、生育期和品种不同而不同。一般豆科牧草根系的初期生长速度较快，例如：草木樨在播后一个月，根系入土深达8.5厘米，而此时地上部分的生长仅0.5厘米；禾本科牧草中一些发育较快的牧草，如意大利黑麦草生长3个月后，每一植株根系的干重为1.3克，5个月后为2.21克。根系在早期发育的速度直接关系到牧草栽种初期的成败和冬春时期被冻拔危害的程度。

牧草根系的发育在第一年，从开始至深秋一直增长，但在不同生育期其发育速度有所不同。一般由种子萌发至分蘖开始，根系发育较缓慢，此时入土深仅8～15厘米；分蘖后期根系增长加快；至拔节抽穗期，由于地上部分的强烈生长，根系生长的速度又有所减缓；直到抽穗以后由于地上部分生长减弱，根系增长的速度又增加，并且一直延续到结实期及地上部分枯死以前。根系的增长不仅表现在入土深度上，也表现在根系的重量及长度上。

多年生牧草根系入土很深。禾草的根系一般入土深可达1.5～2米，以至3米；豆科牧草根系入土更深些，一般达2～3米，有的甚至深达5米。根系入土的深度主要在生长的头一两年内，以后增长不多。多年生牧草的根系入土虽然很深，但大部分的根系仍集中于土壤上层。禾本科牧草的根系大部分集中于0～20厘米的土层内，视种类不同占总根量的65%～90%，其中0～10厘米的土层内又占有很大的比重；在0～5厘米的土层中，根系比重较大是由于粗根较多，根系的总长度并不长，而10～20厘米或10～30厘米的土层内侧根的数量增加，因而在这些土层中根系的总长度常常是最长的。豆科牧草根系入土虽深一些，在土层内的分布也较均匀一些，但仍以较上层的土壤内根系的数量较多。无论禾本科及豆科牧草在较深层的土壤中，根系的数量是不多的，但这些为数不多的根系在牧草的生活中却占有重要的作用，它们从土层深处吸收营养物质和水分，并将其转至茎、叶内，以满足牧草的营养需要。

三、根系的寿命

多年生牧草的根系，在量的累积上，一般表现出随草地年龄的增加而增加。但不同研究者对于根量在各年增长的情况及其与草地年龄的关系有不同的结果，这取决于被研究牧草的种类、环境条件以及根系腐败的程度。多年生牧草的根系在植物开花结实完成其发育周期后于秋季死亡，多年生豆科牧草的根系随植物的死亡而死亡。至于多年生禾本科牧草根系寿命的长短，在以往的文献中有着不同的看法。苏联学者塔塔里诺夫利用放射性同位素^{32}P，对草甸禾草根系寿命长短进行了专门的研究。研究证明，很多禾草的根系寿命很长，这表现在它们具有吸收的能力上，如5年龄的猫尾草及草地狐茅，6年龄的小糠草、草地早熟禾及8年龄的草庐的老根系都具有吸收能力，但具体能成活多久，还未能获得更为深入的研究数据。

根系寿命的长短，在多年生禾草中具有多方面的重要意义，有关这方面的问题，还有待进一步地研究。随着草地年龄的增长，研究者发现，它们的根系有逐渐集中于土壤上层的趋势，并且认为这是与草地利用密切相关的。

四、根系的生物量

多年生牧草的根系很庞大，某些牧草如紫花苜蓿、无芒雀麦等，生活第三年时，每1立方米土层中的根系长度可达10～30千米。尽管栽培的多年生牧草在土壤中聚集了大量的根系，但是就其地上与地下部分的比例而言并不是最大的，而介于一年生牧草与天然草地之间。国外有人对多年生牧草进行过74次试验，平均地上部分的重量为4 710千克/公顷，地下部分的重量为7 160千克/公顷，即地下部分为地上部分的1.52倍。只有在不多的情况下，地下部分的重量较地上部分多2.5～3倍；对一年生牧草27次试验平均，其地上部分平均重5 250千克/公顷，而地下部分只有地上部分重的34.45%～60%；至于天然草地，根据73次统计平均，地上部分的重量为2 410千克/公顷，而地下部分的重量为26 740千克/公顷，地下部分为地上部分的11.1倍。

多年生牧草地下部分的分布，与土壤水分、温度状况及其他物理特性，与土壤营养状况和失叶状况等的不同而不同。所有这些在牧地的管理上必须加以注意。

第三章

饲草良种繁育技术

种植优良品种，是农业生产上提高产量和质量的重要措施之一，这种措施的效果，早已被我国农民几千年来的生产经验所验证。新中国成立以来的事实，更加证明了它的巨大作用。例如：公农系列苜蓿、中苜系列苜蓿、草原系列苜蓿等在生产中发挥了明显的增产和品质改善作用。这些显著提高产量和质量的效果，都是在同样的土地和耕作栽培条件下由于种植优良品种而获得的。所以，推广优良品种是收效大而花钱少的增产措施。但是，良种要能够表现出它的优良特性与强大的生活力，种子质量必须符合标准。不然，良种的增产效果会显著降低，甚至给生产带来很大的损失。因此，在饲草生产上必须选用优良品种的优良种子。

第一节　良种繁育的基本概念与任务

一、良种繁育的内涵

良种繁育既包括选种又包括遗传及农业技术的要素。在良种繁育的实践中广泛利用下列方法：种内杂交、品种间杂交、许多饲草的辅助授粉、提高留种地的农业环境及对良种田的管理，应用新的技术栽培和管理饲草种子田，如苜蓿良种繁育田。

正确的良种繁育不仅要培育具有播种品质高的种子，还应使这些种子产生高的产量。如果不知道饲草的生物学特性及其对生存环境的要求，那么就不能做到这一点。

二、良种繁育的基本概念

（一）选育品种与地方品种

选育品种是指育种家选育的品种，这类品种有一定的选育历史，并为良种繁育实践所承认。

地方品种系指未经过特殊的选育，而是在某地长期的自然选择和人工选择的影响下所形成的品种。

（二）品种品质与播种品质

品种品质指品种纯度和代表性。根据品种标准，将每批种子划归于某一品种等级，如一级、二级、三级、四级。异花授粉饲草的代表性根据繁育的年代数及品种标准来确定。

播种品质是由很多指标构成的，如一般的纯洁度、杂草种子的夹杂数量、发芽率和含水量等，根据播种品质并按照所规定的品种标准，确定种子材料的等级为一级、二级或三级等。

（三）品种更换与品种更新

用一个品种替换另一个品种称为品种更换；为了更换某一广为分布的品种而进行更丰富的品种之区域化推广时，则按照品种更换来组织良种繁育工作。品种更换应尽可能在较短时期内完成，最长不能超过 4～5 年，替换品种要经过区域化引种鉴定。

有计划地进行品种更新，是保障品种优良品性的重要手段。优良品种的种子如不经过正确的、一定的选择而不断播种下去，过了一定时期就会失去优良的特性。导致种子劣化的原因如下：第一，长期不断地自花授粉降低了饲草的产量和品质，使饲草逐渐退化；第二，由于不遵守良种繁育的规则而使某一品种的种子机械地混入了品质不同的其他品种的种子，如混入了在不良条件下所繁育的品质低劣的种子；第三，在不同品种间发生异花授粉时，由于要求的生物学利益不能与经济利益结合起来，在很多情况下也会任其种子的品质劣化。

二、良种繁育工作的基本任务

良种繁育工作的基本任务，就是繁育经过区域化鉴定的新的育成品种、已推广的品种和当地优良品种，保证农业生产上获得所需要的优良品种的优良种子。优良的种子必须具有良好的种性，具体表现在它的品种质量（自花传粉作物的纯度、异花传粉作物的典型性或代表性）和播种质量（种子的清洁度、含水量、病虫害感染率、绝对重量、发芽率等）符合规定的标准。

凡是经过区域化鉴定的新的育成品种或当地品种，由选种机构所产生的种子数量是有限的，不能供给大面积播种的需要。所以繁育这些品种的种子，使之能达到生产上所需要的数量，是良种繁育的首要任务。同时，优良品种在大量繁殖与生产栽培的过程中，常由于混染和退化而降低种子的品种品质和播种品质。因此，保持和不断提高种子的种性，并以品质优良的种子来定期更新在生产上栽培的同一品种的种子，是良种繁育的第二个重要任务。

四、良种繁育中的重要环节

饲草整个选种和良种繁育工作是有系统、有计划进行的。所以，优良品种的良种繁育工作已成为确保饲草产量增加的一项严密完整的生产制度，在国民经济中起着巨大的作用。

第一环节——选育优良品种及初步繁育。这一环节的任务是育成优良品种和初步繁殖所育成的优良品种。在我国这项工作目前主要在相关的科研教学单位进行。

第二环节——国家品种试验与区域化。这一环节的任务是进行国家品种试验，对优良品种作正确的评价，并鉴定它的适应区域、生产特性和栽培技术。这项工作目前主要由全国牧草品种委员会负责进行。

第三环节——良种繁育。这一环节的任务，就是大量繁殖优良饲草。它由3个连续的阶段构成，并在繁育的同时保持品种的纯度和提高种子质量。良种繁育的3个繁殖阶段如下：

一阶段：繁殖原种。原种是育种家或原种场繁殖出来，供给良种繁殖场进一步繁殖的原始良种种子，这是最重要的一个阶段。

原种在产量上，必须比在生产栽培上同品种的种子高10%以上。纯度（异花传粉作物为典型性或代表性）不低于99.8%，无病虫为害，发芽率、清洁率、含水量都不应低于国家规定第一级的标准。

二阶段：繁殖原种第一代和第二代的种子，由区域良种繁育场负责进行。

育种家所生产出的原种种子，通过良种种子站购买，再到区域良种繁育场做进一步的繁殖。

区域良种繁育场一般设在有条件的地区。每一区域良种繁育场应有两种不同等级的繁殖地：一种是留种地，播种原种种子，所繁殖的种子为原种第一代；另一种是繁殖地，播种本场留种地所繁殖的种子，生产原种第二代的种子。留种地的面积应保证所收获的种子能供应该场繁殖的需要，一般占繁殖地总面积12%～15%。

三阶段：第三、四、五、六代的种子繁殖，由各用种单位自己留种繁殖。

第四环节——良种种子的收购、保管和供应。良种种子的收购、保管和供应工作由良种收购公司负责。良种收购公司在各区域收原种、原种第一代和第二代种子等。

第五环节——检查品种质量和播种品质。在良种繁育等繁殖种子的过程中，以及在收购和保管当中，确保种子具有优良的品种品质及播种品质的等级。

第二节　良种繁育的程序

一、概述

良种繁育是良种推广应用的必要措施，也是种子工作的重要环节。目前我国饲草良种繁育制度建设和工作还需要加强。我国饲草繁育良种分3级：一级良种以良种繁育场为主繁殖，主要供示范及进一步繁殖之用；二级良种以一般公司为主繁殖，供大田生产之用；三级良种为普通繁殖，在二级良种不足时动用。

在良种推广应用过程中和推广应用过后，还要不断培育新良种，进行品种更换以及复壮更新旧良种。因此，必须逐步建立正规的良种繁育制度，进一步提高和改良品种。

二、原种的繁育

（一）原种及其繁育机构

原种是供良种繁殖系统进一步繁殖的原始种子，其产量和品质应比生产中原来利用的种子高，并具有最高纯度和播种品质。各种作物的原种都有一定的规格和标准。

繁殖原种是很重要也是非常复杂的工作，因为在生产中所栽培的品种种子的质量，绝大部分取决于原种的质量。因此，这项工作需要由农业科学机构试验站负责，划出一定的土地作为原种繁育场并指定专人负责；所繁育的原种，供应示范繁殖场使用。当这类机构的土地不够时，各地可按自然区域，选择有条件的示范繁殖场或国有农场改建为原种繁育场。此外，农业院校的农场也可受委托繁育原种。

（二）原种的生产程序

每一品种的原种生产规模，取决于生产田地的面积和原种生产的方法，以及该作物的繁殖系数。为了繁殖高品质的原种种子，繁育原种工作是通过一系列的原种生产程序进行的，在这个过程中要综合运用提高种性的各种方法。以我国棉花原种的生产程序为例，介绍如下。

1. 复壮圃

复壮圃的任务是改善品种的种性。种子来源，一般是上年本繁育场的株行圃，以及当地最优良的和其他地区栽培在丰产地上收集来的同一品种种子。采用品种内杂交的方法进行复壮，并进行选优汰劣的工作。

2. 株行圃

株行圃播种复壮圃中当选的单株，每一单株播种一行，任务是选出优良的异交系，淘汰劣系。将优良异交系所收棉籽，分别装于布袋中储藏。

3. 原种圃

原种圃播种株行圃当选的异交系，每一系单独播种一小区，任务是淘汰不合规定要求的小区。将当选小区所产生的棉籽轧花后充分混合起来，就是原种。生产原种的步骤，分为3步，内容大致如下：

（1）选择圃。选择圃播种从原种圃和该品种优良丰产的生产地上选来的种子。用混合选种法选出符合品种纯度及品质最好的种子。

（2）原原种圃。原原种圃播种上年从选择圃得来的种子，目的是提高品种纯度和繁殖最好的种子。应用优良的大田栽培技术，并严格进行去杂、去劣、除草以及拔除有病虫害和发育不良的植株，以获得优良的原原种。

（3）原种圃。原种圃播种上年所获得的原原种，目的是初步繁殖原种种子，并继续进行去杂去劣工作。原种圃种植、管理、去劣、选择的方法与原原种圃相同。原种圃所产生的原种，第二年即交良种繁育场繁殖。

我国饲草种类繁多，原种生产的程序不一定相同，应根据所采用的提高种性和选择的方法、需要种子的数量以及作物的繁殖系数等条件来考虑。例如不采用品种内杂交等方法提高种性时，就不必设复壮圃；在选择圃中采用单株时，为了比较品系的优劣，就需要设株行圃（品系圃）；而用混合选择时，就没有设立这些圃的必要了。此外，如果原种圃需要的种子数量不多，或作物的繁殖系数高，这样也可以不设原原种圃；反之，原种圃的面积大，需要的种子特别多时，就需要在原原种圃与原种圃之间增加一个繁殖圃。总之，各种作物的原种生产程序，是由能在最短的时期内繁育出符合规格和需要的原种这个总的原则来决定的。

（三）原种第一、二代的繁殖

经过区域鉴定推广的繁殖饲草良种或当地良种，采用科学技术和当地先进经验，进行示范；在试验站统一布置下，进行必要的试验工作。因此，研究院（所）、高校、试验站或原种繁育场所繁育的原种，一般是交给示范繁殖场来繁殖原种第一、二代（繁育种），供应饲草生产者——种子地使用。繁殖系数较高、播种量较少的饲草，也可直接供应大田生产的需要。在场地不适宜、土地过少的示范繁殖场以及没有示范繁殖场的地区，可以选择位置适中、土壤有代表性和自然灾害较少的地区，由示范繁殖场或种子公司负责组织并经常指导繁殖工作。

三、种子繁育公司或合作社的种子地

（一）种子地的作用

原种第三代及以后各代的种子（推广种）由种子繁育公司或合作社进行繁

殖。但在繁殖过程中，必须进行选择和培育，良种种性才不致退化并可进一步提高，获得显著的增产效果。为了达到这个目的，在公司或合作中必须设立种子地来繁殖良种，以供应本公司或合作社大田生产所需要的种子。

种子地的作用，在于可以在较小的面积上进行培育和选择，获得纯洁精良的种子供大田生产的需要。这样所花费的时间和劳力少，而获得的效果大。同时，由于连年选择和培育的结果，也可显著地提高良种种性，防止退化。因此，在公司或合作社建立种子地，是良种繁育制度中的一个重要环节，也是目前普及良种的有效办法。

（二）种子地的建立

由繁殖场所繁殖的原种第二代，在公司或合作社种子地继续繁殖。因此，第一年建立种子地时所用的种子一般是从示范繁殖场获得的。公司或合作社再每隔一定年份向示范繁殖场领取一次原种第二代的种子进行繁育。在原种第二代还没有繁殖出来以前，第一年也可以用优良的生产大田中进行穗选株选而获得的种子，这些种子还必须经过仔细的精选。以后种子地的种子，都是在上年种子地中用穗选株选和室内精选而得的纯洁、健壮的种子。从原种第三代起就可供大田播种，大田播种所用种子，都是在种子田经过片选而获得的（图3－1）。

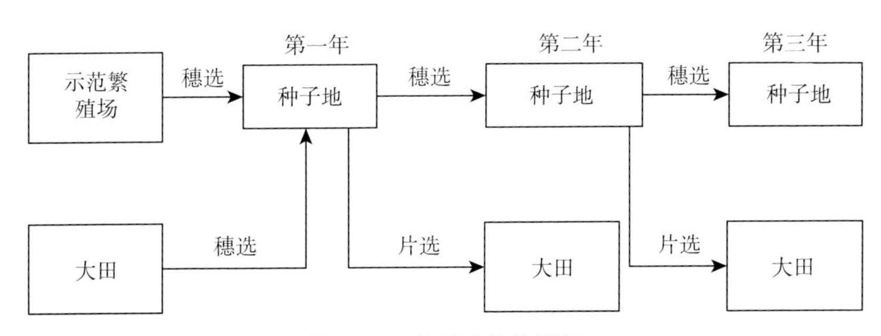

图3－1 种子地选种图解

建立种子田时，应该选择条件较好的田地，一般要地势平坦，土质良好、灌溉排水便利、阳光充足、没有遮阳的田地；并尽量照顾到栽培管理的方便，保证提供良好的生长发育环境。种子地面积应根据合作社里各种作物播种面积与繁殖系数划定。

种子田的栽培管理必须较一般大田周密、精细，并应增施肥料和适当配施磷钾肥，收获时要单独收获和保藏，防止混杂变质。此外，还必须把种子地的任务上报在合作社的生产计划中，由专门的生产队、组负责，并予以合理的评分，以保证种子田的栽培管理符合要求。

第三节　良种繁育的技术特点

一、决定良种繁育技术特点的因素

良种繁育的技术特点取决于下述几点：

◆ 繁育品种纯度高的种子；

◆ 繁育播种品质高的健康种子；

◆ 保证高额和稳定的产量。

良种繁育场或公司对上述诸项任务可以在下列条件中完成：

◆ 精耕细作；

◆ 备有特殊的储备库和机械；

◆ 配备有经验的、有能力的、有责任心并保证完成良种繁育工作的技术人员。

二、防止优良品种种子的混杂

（一）混杂现象的发生

保持繁育品种的纯度是良种繁育工作中的重要任务。只有当良种没有任何混杂物时才是最有价值的，因为混杂物会破坏种子的整齐度和降低其经济效益，也会降低用该种子播种的一般饲草产品的品质。良种繁育必须置于适当技术保障下，消除一切发生混杂的可能性。

混杂现象可分为机械混杂和生物学上的混杂两种。

机械混杂是指在优良品种种子中有其他种子，形成品种混杂；或有其他饲草的种子和杂草种子，形成种间混杂。当同一饲草而不同品种的种子与优良品种混杂时，形成所谓的品种混杂；其他饲草以及杂草的混杂，称为种间的混杂。在这两种不同的混杂中，从后果上讲，以品种混杂更为严重，因为消除品种混杂要比消除种间的混杂困难得多。同一饲草不同品种的种子实际上不可能用机械的方法分离开来，在外形上区别不大的不同品种的混杂植株，在去杂过程中也很难区别开来。而种间混杂则比较容易在种子和植株中发现，因而避免这种混杂也比较容易。

生物学上的混杂是另一种良种混杂现象。其他品种的花粉（有时是不同种的植株花粉）与某一品种植株授粉会产生品种的生物学上的混杂。生物学上的混杂也可能是若干植株退化的结果而产生的。不论哪一种形式的生物学上的混杂都会破坏品种的一致性，也就是降低品种纯度或代表性，降低产量和产品质量。

（二）机械混杂的防止

应注意在下列过程中，防止发生错误和造成机械混杂。

第一，在接收种子和拆除袋上的封印时，应仔细检查标签和封印，并核对种子证明文件，选取样本进行检查，以评定种子的真实性及其品种纯度和播种品质。

第二，种子进行处理和消毒时，要清扫处理房舍和工具，以此防止混杂。

第三，运送种子到田间播种时，也要避免混杂。

播种不同品种或不同等级的种子时，对播种用具必须进行清扫和消毒。如用畜力播种，田间饲喂的粮食也必须碾碎。播种良种的地上，如有以前的打谷场、堆草处和冬季的道路，都应在图纸上加以上注明。标注处的种植物可提前收割，不作为种子用。邻近的播种地如有易混杂的作物和品种，应间隔 2～3 米，并种上其他作物与之隔开。

第四，播种前的准备与播种。在准备播种前，播种机在消毒时附带进行清洁和检查工作，播种机内不应该留下任何一粒其他种子。在一块地上播种完一个品种后，必须立即就地进行清洁播种机的工作。

在某一品种或者其他饲草开始播种前，必须仔细地检查一下播种机。播种工作质量由良种繁育专家来检查，播种时必须精确地执行下列规则：

◆ 开始先种等级高的种子（留种田）。

◆ 为了今后品种去杂的方便，每隔 1.2～1.3 米留下一条 30 厘米宽的小道，为了保留小道，播种时应在播种机上关闭 6 个小道的部分。

◆ 播种时拖拉机不能越出播种田的边界，达到播种田边界时立即转回；拖拉机不能达到的播种田边界，应另外松土并播上相同的种子。

第五，在植株生长期中要精细地清除杂草、混杂植株和病株。

第六，收获时先将田地边上 2～4 米宽的部分割去，不用作种子。运输草捆的车辆也要扫清，并防止种子散落地上；堆放茎秆的地方和脱粒场最好是在同一块地上，不可在其他作物和品种的留茬地上，也不可靠近播种其他作物的地方。

脱粒后经扬过的种子，装入经检查、清洗和消毒过的袋中，填好发货单一同送入仓库。如不装在袋中，其装运的工具必须清扫、消毒。

第七，储藏室和仓库要经过仔细的消毒和清理，并使每种作物和品种都能单独地隔开储藏。

第八，种子清洗时，须垫仔细清理过的油布，清选的用具也要仔细地清扫。清选后的品种种子一定要归入适当品种等级中。

第九，种子包装和发出时，装入新的或清洗消毒过的袋子中，原种种子要装入双层袋中。袋内加入品种证书，袋口挂上标签并封印。在发货单上要写明作物的名称、品种的名称、第几次繁殖、等级。

第十，品种的原种种子一定要装在袋内单独保存。其他各级别的种子，也要每一个品种有一个单独的、固定的储藏场所，并加强储藏室的管理工作。

（三）生物学混杂的防止

防止生物学上混杂的方法就是对异花传粉作物进行空间隔离，以保证该品种的典型性或代表性。但当生物学上的利益和经济上的利益相符合时（如牧草、黑麦品种间的异花传粉），不仅可以改善其种性也可以提高产量，这样就不需要采用空间隔离。

异花传粉作物空间隔离的远近，取决于饲草传粉的特性，如虫媒花的作物空间隔离应比风媒花的大；也取决于邻近不同品种播种面积的大小，播种面积越大，所产生的花粉越多，空间隔离应该越大。此外，还应同时考虑到，花粉传播的空间如有树林、建筑物等障碍物，隔离的距离可以小，甚至不必隔离；同样，开花时的风向、风力以及开花时期是否一致，对空间隔离的远近和是否需要隔离都有关系，如果开花时的风向和风力不可能使异花花粉达到良种繁育的田中，或者其他品种的开花期与良种的开花期不一致，这样就不需要空间隔离。

三、对轮作制的特殊要求

在良种繁育中，为了给繁育工作创造好环境，有利于满足良种繁育对田地的要求和满足农艺技术上的要求，必须实行田间轮作制，以求做到以下要求：第一，保证有能生产优良品种品质的饲草种子的条件；第二，创造稳定而高产饲草种子的条件（提高土壤肥料、正确的轮作和田间去杂）。

在良种繁育田的安排上，要非常严格地考虑到种子繁育对前作物的要求，以避免品种的机械混杂。不可以把与前作物相同的或与前作物难以区别的作物品种播种在前作物所栽种的田地上，如将小麦种在以前栽种燕麦的田内，或将大麦种在以前栽种燕麦和小麦的田内、将小麦种在以前栽种大麦的田内等。冬季作物通常播种在秋耕休闲地上，或者在以前栽种早熟中耕作物和一年生豆科作物的田地内；在冬季作物比重大的地区，多季作物可种在以前栽种冬季作物的田内，但仅限于同样的品种。

四、栽培管理的特点

如果不采用合理的土壤耕作施肥，不进行精细的种子繁育的田间管理，就要不断地改良品种的种性，否则，提高其生物学上的抵抗力和提高产量是不可能的。改良品种的种性和产量是种子繁育的基本任务。保障所繁殖的作物品种的最高纯度，要靠合理、精细地耕作，并由种子繁育的田间管理来起作用。因此，一定要进行精细的耕作，合理施用有机肥料与无机肥料，以此来创造繁殖作物生长发育最优良的条件。此外，还要精细地防除杂草，因为在种子繁育场中，杂草不仅使产量降低，一些危险的检疫性杂草还会使品种中作物混杂而不易辨别。

在种子繁育场育种要做到以下几点：

第一，精细耕作。在种子繁育场中，翻槎和用复式犁耕地是必需的。这些措施能够彻底防治杂草、害虫和留在槎内及杂草上的各种寄生病菌的孢子（槎和杂草是害虫和病菌的媒介）。防治杂草的工作在种子繁育场应经常地进行，直到地内杂草完全清除了为止，尤其是根茎类和根蘖类的杂草。在许多地区还应当特别注意防止燕麦草，其种子与谷类作物混杂后很难辨别，每一种轮作都应当制订单独的土壤耕作、施肥和防止杂草措施的制度。

第二，种子必须经过有效的精选和处理，以提高种子品质。

第三，播种密度要比大田播种密度小，并且要均匀播种或均匀移栽。

第四，土地肥沃，尽可能及时进行灌溉排水。

第五，施肥必须以有机肥料与无机肥料配合，以保证更大的效果。应当广泛地利用粒状肥料。施用无机的氮素肥料应当小心，以免植株的倒伏和延迟成熟。能增加种子产量和促进植株成熟的磷、钾肥料有着特别重要的意义。也应该广泛地应用当地的有机肥料（混炭、堆肥和草木灰等）。要制订使土壤肥力不断提高的制度。

第六，及时中耕培土，清除杂草，拔去有病虫害的、生长不良和品种混杂的植株。

第七，对异花传粉作物还必须进行人工辅助授粉，一般在开花期内应该重复进行数次。

五、提高繁殖系数

加速良种繁育的工作，对于在生产原种种子时推广新的划定适应区域的品种和稀有品种时，有重大意义。必须采取一切方法，使种子材料完全用于播种，并且使它的繁殖系数达到最高限度（繁殖系数，换句话说也就是自己繁殖自己的倍数，可能是10倍、100倍，也指在一定面积上的种子产量与同一面积播种种子数量之间的比例）。

禾谷类饲草一般采用宽行稀播或穴播，并加强田间管理（如行间松土、增施肥料、合理灌溉等），以提高种子的繁殖系数；用营养繁殖的方法增加株数，也可以进一步提高种子的繁殖系数，如水稻在幼苗期利用分蘖分别栽种，用芽栽、分蘖、扦插等方法进行营养繁殖，都能显著地提高繁殖系数。

为了提高饲用牧草的繁殖率，也可以采用宽行距稀疏播法，并在优良的农业环境下，精细地进行田间管理。在初次繁殖时，应用营养繁殖法，把株丛分成几部分也可以获得良好的效果。对于多年生豆科饲草来说（如苜蓿、三叶草），繁殖系数的提高必须采用穴播法，保护好作物，株距为 7～50 厘米。这种播种法的播种量每亩为 0.04～0.05 千克。

夏秋之际，在休闲地上用新收获的多年生饲草种子进行播种，也是加强种子繁育的方法之一。这种加强种子繁殖的措施可提高繁殖系数，也缩短了繁殖期。在一般的农业条件下，当年收获的猫尾草、鹅观草、冰草、羊草等，若在下一年播种，播种当年不结种子或产种子量很低，到第二年才结种子或种子产量较高。如果在夏秋末尾就播种在休闲地上，那第二年即可获得第一次种子的产量，并且马上可以用该种子来继续繁殖，或者在生产中将其当作饲草混播的材料。

第四节　苜蓿良种繁育的特点

一、对耕作的要求

苜蓿是很古老的饲用作物，在我国种植面积很大，同时其面积还在逐年增加。苜蓿植株的正常发育是保证获得种子丰产的主要条件之一。为了使苜蓿植株生长良好，对苜蓿的耕种必须采取一些重要的农业技术措施：及时在耕耘良好和清除过杂草的肥沃土地上播种，精细地进行田间管理以及施用当地肥料和无机肥料。苜蓿不宜连续两年收获种子，因为这样会引起严重的虫害，种子产量显著降低。

二、对水分的要求

足够、但不过多的土壤水分是留种苜蓿生长发育的很重要的因素。在水分不足时，苜蓿就要遭受干旱，特别是在植株生长很密时，种子产量因此降低。当水分过多时，特别是在孕蕾期、开花期和结实期，会引起营养器官的生长过盛和倒伏，使得种子产量降低。

三、繁育田的播种

经验证明，苜蓿种子的丰产不仅取决于播种的方法（密条播或宽行距条播），同时也取决于土壤中水分供应与苜蓿植株的密度之间的正确关系。

采用密条播法也可以使得种子丰产，但是播种量要减少，因为这样才能使生长植株较稀而能够很好地受到阳光的照射、分枝多、开花盛以及结实良好。

当苜蓿播种采用密条播法时，播种量应减少 30%～50%，这在干旱地区尤为重要。在干旱地区以及在水分不足和水分不定的地区，为了获得苜蓿种子的丰产，应将积雪和融化了的雪水等保存和储藏起来，这些措施不仅用在苜蓿的老留种地，还用在将作为苜蓿新的留种地上。

苜蓿播种在无水河岸洼地、低洼地和灌溉地，可以获得很高的种子产量。

因此，对留种苜蓿可以用宽行距条播法（行距为 50～70 厘米，每亩播种量为 0.33～0.40 千克）和密条播法（每亩的播种量应比通常密播的每亩播种量0.67～0.80千克低 30%～50%）来进行播种。苜蓿的播种深度应为 1.5～2.0 厘米。

在我国北方，苜蓿播种都在春季、夏季或秋初进行。如内蒙古河套灌区以早春播种（顶凌播种）效果极好。部分地区也在雨热同季的夏季播种，这样就更适合于苜蓿的生物学特性，并能在很大程度内保证苜蓿免遭虫害。完全的休闲地从 7 月至 8 月初进行播种。经过正确休闲耕耘后的田地，通常都没有杂草并储存了足够的水分，这样就能顺利地进行夏季的播种。在秋季，苜蓿能很好地发根，生长出强大的根系和营养器官，从而提高了对冬季严寒的抵抗力。夏播苜蓿在翌年春季再生很快，并且在发生干旱以前，其根得以伸入地下很深的地方而不致遭受干旱。苜蓿在播种后第一年几乎不会遭受虫害，为了在第二年预防虫害从其他苜蓿地蔓延过来使苜蓿遭受损害，在夏季播种时要远离老的苜蓿地。在进行休闲地的耕耘时，为了很好地保存水分而需要采用附有拖板的中耕机。

夏季播种苜蓿不应用宽行距条播法，而应用密条播法，因为在完全休闲地上不必怕杂草危害幼苗，至苜蓿很好地发根后，它本身就能限制杂草的生长。夏播不仅能保证获得苜蓿种子的丰产，并且能改良种子的种性，尤其是加强了苜蓿的越冬性。

在土温非常高的条件下（35℃以上），夏播的种子可能完全不会出苗或幼苗非常稀疏。因此在遇到温度过高的情形时，夏播就需延迟日期，在当地的可能范围内即可。

多年生牧草春播后，在第一年中的发育是在适合春季植物生长的条件下通过的，温度逐渐增加，这样便加强了春种性的特性（多年生牧草夏播时就具有完全不同的、促使它发展多种性的特性的条件）。因此，春播不仅可作为保证获得种子丰产的农业方法，还是改良种子种性和提高苜蓿品种越冬性的方法。

另外，为了在播种的当年就获得苜蓿种子的丰产，在留种地必须采用宽行距播种法，播种量 0.33～0.40 千克/亩。要在秋耕地很肥沃的地段上进行播种，留种地要远离老的苜蓿地，以免遭受严重的虫害。播种时间为开始春播的头几天。

四、繁育田的管理

苜蓿留种地的田间管理就是及时、仔细地进行行间中耕以及除去杂草。在幼苗出土前，土表形成结皮时，需用轻耙耙松。在采用宽行距播法时必须进行3～4次行间中耕，第一次是从幼苗出土后各行清晰可分时开始，以后视杂草发生情形而定。

施追肥对提高苜蓿种子产量非常有效，可使第二次收割与第一次收割一样获得苜蓿种子的丰收。在干旱地区和其他地区土壤水分不足的年份里，苜蓿在第二次收割后再生情况可能不理想，甚至会完全得不到种子。

在土壤水分足够或在多雨年份的低洼地上，苜蓿生长非常茂盛并且在开花前常易倒伏，在这种情况下，第一次收割的产量往往比第二次低。灌溉的条件会影响第二次种子收割的情况。

在老的苜蓿地通常聚集着很多害虫，这种情况下，留种用的苜蓿应在第一次收割时尽可能提早收获干草，而在第二次收割时收获种子。

为了储藏苜蓿种子和完善苜蓿种子保障，必须将饲用苜蓿的一部分留作种用。在这样的情况下，必须及时地在苜蓿孕蕾期和植株开花前进行第一次收割，而在第二次收割时收获种子。

五、良种收获及脱粒

必须在茎秆初干、豆荚3/4成褐色以及籽为黄色时进行留种苜蓿的收获。极易落粒的黄苜蓿需提早收获。

可用收割机、转臂收割机、割捆机和附有籽粒收集器的联合收割机来收割苜蓿。

脱粒是在不太复杂的和简单的谷物脱粒机中进行，种子的清选是在清粮机（如“凯旋”选别机或“库斯库塔”选别机）中进行，并且还要在专门的选粮筒中进行。使用电磁机可使苜蓿种子与菟丝子种子分离。

苜蓿种子的脱粒不可误时，否则会使种子产量遭受损失。

清选过的苜蓿种子应储藏在干燥、通风的屋子内。

第四章 退化品种的提纯复壮

第一节　品种退化

一、退化品种的特征

在饲草生产中，由于长期繁育栽培，品种生物学上的抵抗性逐渐降低了，经济上有益的特征、特性也变差了，这就是退化的现象。例如有些品种在当地有较高的产量，但几年后出现产量变低等不良性状；还有些品种之前具有耐渍、耐肥、不倒伏和早熟的特点，几年后出现怕盐、易倒、成熟参差不齐等不良表现。归纳起来，一般退化品种有如下表现：品种丧失其固有的典型性；抗逆性、抗病能力降低；丰产性能与经济性状变劣，产量下降，品质变劣。

品种退化的快慢，因品种不同而有所不同。一般来说，自花授粉的比异花授粉的牧草退化要快些。在自花授粉牧草中，育成品种又比当地农家品种退化要快。

二、品种退化原因

引起品种退化的原因有很多，而且不同饲草的品种退化原因也不同，主要有以下几点：

第一，栽培条件不能满足品种遗传性的要求，致使品种植株生长发育不良，优良的特征、特性不能获得充分发育，从而导致品种种性变劣，生活力降低。此外，一个品种在同一地区、相对一致的栽培条件下长期栽培，其结果是削弱了品种对变化的环境的适应性，也会造成品种退化。

第二，在良种繁殖过程中，缺乏正确选择，也会造成品种退化。例如，不是选择生命力强、产量高的植株及其后代，而只是从保持品种的纯度与典型性的角度进行选择，久而久之，品种的丰产性和抗逆性就可能降低。

第三，自花授粉牧草的长期自花授粉、异花授粉牧草在隔离繁殖条件下天然异交受到限制、还有些饲草长期无性繁殖，这些都会减低牧草的生活力，造成退化。产生这种现象的原因，主要是缺乏两性因素的必要差异，以致降低了后代植株的内在矛盾，从而使生活力及生产力降低。

第四，机械混杂与生物学混杂也会使品种发生退化。牧草在栽培、收获、脱粒、清选、运输及储藏过程中，如果不加注意，很容易使同种不同品种以及不同种的牧草混杂在一起，或者在收获时混入了杂草种子，特别是那些检疫性杂草的种子，都会严重地降低品种的纯度，以及种子后代的产量和品质。一些天然异花授粉植物，由于天然杂交使后代产生各种性状分离，出现不良的个体，破坏了原品种的一致性和丰产性，严重时几乎可失去原品种的典型性。虽然生物学混杂有时反而能提高品种生物学抵抗力和产量，但是这两种混杂都会降低品种经济性状的一致性，使牧草质量变坏，发生退化。

第五，以孟德尔遗传学为理论基础的良种繁育研究者，片面地认为品种退化的唯一原因是机械混杂和生物学混杂。因而在良种繁育过程中，仅仅采用保证种子的最大纯度或典型性的方法。至于应用优良的栽培条件进行培育、提高品种的生命力和注意选择生命力强和产量高的植株及其后代的工作都被忽视了，使优良品种在繁育和栽培过程中，仍然发生退化。因此，唯有正确地理解了品种退化的原因以后，才可以提出克服各种作物品种退化的有效方法。

第二节　退化品种提纯复壮技术

一、品种复壮

品种复壮就是用优良的种子，定期更新生产中的同一品种种子的技术。这些种子在种性、绝对重量和纯度方面都比生产中必须更换的种子优良。各种作物有不同的复壮程序和期限。

品种复壮是防止良种在生产中退化的有效技术。为了获得更新的优良种子，在良种繁育体系的各个环节中，必须采用各种方法来防止品种退化，并提高它的种性。

品种复壮就是不断利用种性优良、产量和纯度均很高的种子，来定期更换生产上同一品种种子的一种方式。这需要通过一定的良种繁育程序来实现，也就是由专门的良种繁育机构负责繁殖产量和纯度更高的良种种子，每隔一定的年限去更换生产上同一品种的种子（一般为4年/次）。经过复壮的种子，在生产力、生命力和典型性方面都必须比正在生产上应用的同一品种的种子优良。

根据良种退化的原因，在繁育良种种子过程中，可以应用一些方法来提高品种的种性。由于植物的生活条件和栽培条件是形成品种种性和性状的首要因素，因此，不论采用什么方法，都必须以适宜的自然条件和优良的农业技术为基础。

二、改变生存条件

由于生存条件的原因而造成品种退化的情况通常有两种：一种是因为品种

的生存条件与原来的生长和栽培条件不相一致，另一种是品种长期生长在同样的生存条件下。前一种情况下，生物体由于得不到所需要的条件，优良的种性便不能巩固和发展；后一种情况下，会使品种的适应能力逐渐变小。这两种情况在种子繁育工作中都要加以注意。针对这两种情况，可以应用下面几种方法。

（一）给予适合于品种特性的优良条件

优良的栽培条件及农业技术措施，可以不断改善牧草品种的种性，提高其生活力与产量；与此相反，不良的栽培条件和低劣的农业技术措施，常会引起品种种性退化，降低其生存力与产量。因此，根据品种遗传性的要求，给予牧草优良的栽培条件，以充分地满足品种植株生长发育的要求，使品种的优良特性得以充分发育起来，是完全必要的。

（二）异地换种

同一牧草的种子在不同地区种植的结果，可以提高品种适应不同环境的能力。同一品种的种子在生态条件差异不大的不同生境条件下（如平原与山区）种植 2 年，其生产力就可能有较大的提高。在进行异地换种时，应该注意换种地区的生态条件要有一定的差异，但这种差异又不能太大，否则，就会造成换来的种子对当地环境条件的不适应。

（三）变更牧草生长发育的季节

如春播改为夏播或夏一秋播种，在无霜期较长的地区，当年收获的种子，都可以达到变更作物生长发育季节、预防品种退化的目的。

三、加强人工选择

人工选择措施在牧草品种复壮工作中具有极其重要的地位。品种应用于生产上，由于种种原因造成混杂和发生变异总是难免的，特别是异花授粉牧草，由于天然异交率较高，变异更为迅速，因此，加强人工选择尤为必要。人工选择，简单地说即是去伪存真、去劣存优。在选择时既要注意到品种的典型性，也要注意到植株的生命力和产量。

在品种提纯复壮工作中，经常用的选择方法是混合选择法，即片选、株（穗）选；其次还可以采用改良混合选择法。改良混合选择法的程序是选择优良单株（穗），建立株行圃，设植株系圃，分系进行比较，选择出优良的株系，经混合脱粒后，在原种圃生产原种。因为第一年选择的优良单株（穗）及其后代都经过系统的比较、鉴定和多次的田间及室内选优，纯度高，质量好，增产比较显著，这是混合选择法所不及的。对混杂退化较严重的品种，用改良混合选择法比较理想。

在生产上，种子田一般多采用混合选择法留种，以保持品种的种性和纯度。每年在种子田中进行穗选，混合脱粒后可作为下一年种子田的播种材料，而在穗选后的种子田里再进行片选，去杂去劣，然后将所收获的种子供下一年大田播种用。

种子田可分为一级种子田和二级种子田。一级种子田用于繁殖系数高的牧草，其方法如图 4－1 所示。

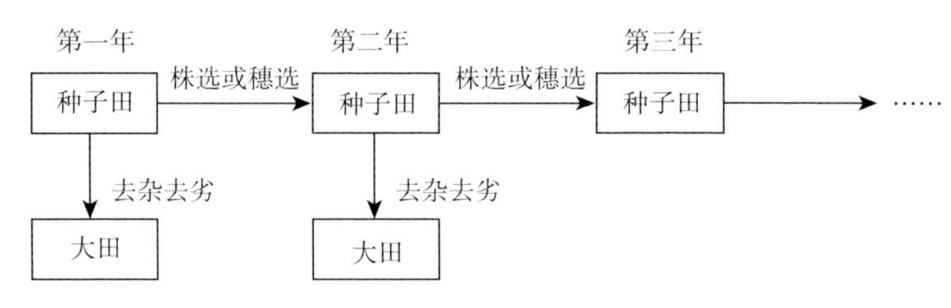

图 4－1　一级种子田人工选择程序

二级种子田适用于繁殖系数较低的牧草，其程序是将一级种子田中进行穗选或株选所得种子作为下一年同级种子田的播种材料，去杂去劣后收获的种子可供二级种子田播种用。而在二级种子田中经去杂去劣后所收获的种子，则供生产上大田播种，其程序如图 4－2 所示。

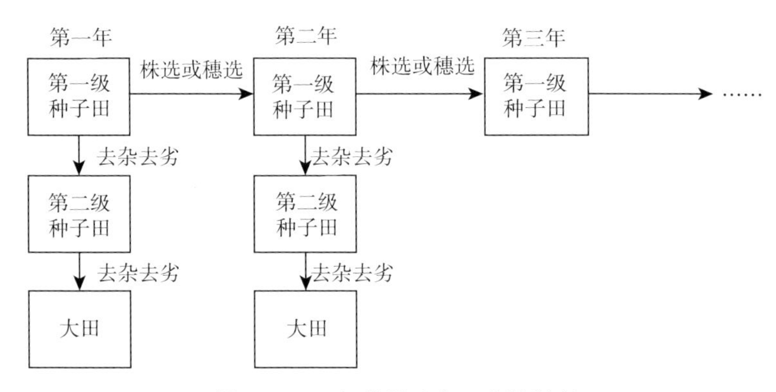

图 4－2　二级种子田人工选择程序

四、品种内杂交

同一品种内不同植株间进行杂交，也可以在品种原有遗传性状的总体方面得到进一步的丰富，提高其生命力。尤其是选用栽培地区相距远的、生态条件相差较大的同品种不同亲本植株的杂交，效果更好。品种内杂交主要是应用于异花授粉作物和常异花授粉作物上。此方法就是将留种花中的花药摘去，使它用同一品种的、别的植株的花粉进行自由异花传粉。这个方法一般仅在杂种第一代和第二代有增产效果，但第二代增产效果有所降低，而且去雄工作花费劳力很多。因此，仅科学研究机构在某些地区或对某些作物应用这个方法。

五、品种间杂交

为了提高品种生物学抵抗力和改良它的品质，特地选出不同的品种，在自由异花传粉的基础上进行杂交，称为品种间杂交。

不同品种植株的性细胞种间差异较同一品种植株的性细胞间的差异大；这样品种间杂交时植物能获得更大的生物学上的益处。经试验证明，品种间杂交对于很多作物，除了改良品种的生物学特性以外，产量也可较亲本的种子提高30%～40%。

我国自1950年以来，玉米各主要产区的试验研究机关进行了玉米品种间杂交的试验研究工作，已获得了不少优良的玉米品种间杂交种。山东从1953年开始将“坊杂2号”“坊杂4号”的第一代杂交种种子推广示范，杂交种第一代较当地品种增产30%～50%，有的增产70%～80%，甚至有增产一倍以上的。品种间杂交不仅可以提高品种的特性，同时杂交品种可以获得显著的增产。对玉米来说，杂交已成为提高单位面积产量的主要措施之一。

品种间杂交的方法，首先要慎重地选择亲本，亲本应选择适合当地栽培的优良品种，最好一个是本地种，另一个是外地种，一般采用当地的产量高而品质好的品种做母本。

玉米进行杂交时的播种方法是：母本与父本相间播种；有时可适当增加父本行数，使花粉增多，扩大选择的范围。当母本雄花抽出后，要随时将其拔掉；为使授粉完全，还必须进行人工辅助授粉。玉米杂交种子，一般在第二代起优势逐渐减退。

六、人工辅助授粉

人工辅助授粉能使异花授粉牧草的雌花柱头上得到充足的花粉，这样就扩大了选择授精的可能性，不但可以防止和减少缺粒，增加当年的产量，也能提高牧草品种的种性，达到预防品种退化的目的。我国各地试验单位对玉米进行人工辅助授粉的试验，结果显示玉米的去雄和人工辅助授粉当年可增产5%以上，用作种子来年增产7%～10%。由于增产效果显著，人工辅助授粉也是玉米增产的主要技术措施之一。

人工辅助授粉是选择受精原理的具体应用。在自然情况下，株开花和传粉时不良的气候条件（下雨、高温和干燥风），雌花和雄花开花期的不一致，以及其他的不良因素，常影响到植株传粉和受精的过程，这样就会造成缺粒、瘪粒等现象。辅助授粉不仅可以避免这种情况，还增加了选择受精的可能性，保证提高品种种性，使种子增大，蛋白质和脂肪的百分率增高等。从进行过人工辅助授粉的田地内所获得的种子，播种后所生长出来的植株，对不良条件抗力（如病虫害等）抵抗能力也较强。因此可见，人工辅助授粉对提高种子种性是有很大作用的，在异花传粉作物的种子繁育工作中，可以采用这种方法。为了及时进行辅助授粉，必须系统地观察植株的发育，当植株普遍开花的时候就开始授粉，依照开花期的长短进行 2～3 次授粉。所有作物的辅助授粉工作，最好是在早晨露水干后到 11:00 左右进行。

七、经常进行选择

提高种子种性的方法应根据各地区和各种作物的不同情况加以应用，使用时，必须选择生命力强和产量高的植株及其后代，以取得最好的效果。因为同一品种内不同植株的遗传性总有程度不等的差别，这些差别决定了植株对所采用的方法有不同的反应，其后代的生命力和产量也不一样。在这中间，不断地选择优良的家系、优良的植株和果穗等，不但促进植株保持高的生命力和产量，还能在以后各代中累积生物学上和经济上有益的性状，保持品种具有一定的品种品质和播种品种。

第五章 饲草良种繁育的农艺技术

牧草种子生产不同于一般大田生产。大田生产主要是为获得高产、优质的产草量；而种子生产，除了要求高额的种子产量以外，更重要的是如何保证获得品质优良的种子。因此，种子田的栽培、管理技术和措施与大田栽培是有所不同的。

第一节　地块的选择及轮作

一、地块的选择及布局

用作生产牧草种子的地块，即种子田，应该是开阔、通风、光照充足、土层深厚、排水良好、肥力适中、杂草很少的土地。对于豆科牧草而言，种子田最好邻近防护林带、灌木丛及水库，以便昆虫授粉。

为了防止品种间的生物学及机械混杂，必须注意不同品种在田间的布局。

多数牧草属于天然异花授粉植物，在种子繁育过程中，容易产生天然杂交，引起生物学的混杂，使品种丧失其原来的优良特性，从而导致产量下降、品质变劣。因此，在牧草种子生产中，种子田的布局应该注意隔离，防止天然杂交。

不同品种间空间隔离的距离，视牧草种类的不同而有不同。虫媒花的苜蓿、草木樨、三叶草、红豆草等豆科牧草，其空间隔离的距离应在 1 000～1 200米；风媒花的羊草、无芒雀麦、披碱草、老芒麦等，可在 400～500 米。

种子田的大小、宽窄情况与种子品种间的生物混杂有关，种子田面积越大，其隔离距离可适当缩小；反之，则应适当扩大。

当繁殖两个或两个以上不易天然杂交的品种时，为防止机械混杂，各品种间也要有适当的空间间隔，间隔的距离最好为 25～30 米，作为保护带。在保护带上种植与繁殖易于区分及分离的牧草种子或饲料作物，或者作为大田牧草生产用。同时，也要注意种子田面积的大小。在生产实践上，为了防止机械混杂，种子收获时常将其边行剔除不作留种用。因此，种子田应尽可能地避免地块过窄，种子田越窄，机械混杂的可能性越大，如除去的边行过多，又会影响种子的收获量。

为了防止混杂，还应该了解被用作种子田的地段种子繁殖的历史，注意轮作安排。很多牧草种子，同一种内不同品种间，甚至不同种间，就其外形、大小、色泽等差异是很小的，如各种披碱草、羊草、草地狐茅、多年生黑麦草、冰草等种子间，各种早熟禾种子间，以及三叶草、苜蓿和三叶草种子间，一般难以区分开。而且很多牧草种子成熟时落粒性又很强，因此，同一块地段种植一种牧草后，再在其上种植同一种的不同品种或者虽不同种但彼此间不易区分的牧草时，应间隔2～3年或更长的时间。在轮作中，最好将禾本科与豆科牧草的种子互相轮换种植，这样既易于防止种子的混杂，又可以保持和提高土壤肥力，而且在一定程度上对防止病、虫为害也有好处。

二、合理轮作

在轮作中，种子田最好安排在完全休闲的地块或中耕作物之后，这样田间杂草少，土壤墒情也较好。是用专门的留种地，还是用一般牧草大田生产地来生产牧草种子，有不同的看法。主张用一般大田来采收牧草种子的，主要是认为专门留种田的条件往往优于生产大田，长期在专门的种子田上繁殖种子，会改变牧草种子在大田的适应性，改变种子的特性，因而主张只在种子极端缺乏的情况采用专门留种田。但是，应该看到，随着牧草栽培及草原建设事业的日益发展，对牧草种子生产的数量和质量也提出了更高的要求，一定的专用留种地，以致选择适于某一牧草种子生产的地区实行种子生产专业化，也是非常必要的，这样既能生产出品种纯、产量高、品质优良的牧草种子，又能很好地发挥地区的生产潜力，加速牧草种子的繁殖和生产。国外已有类似的经验，甚至有些国家在适于种植牧草的地区，建立专门的种子田，生产牧草种子，以满足国内对这种牧草种子的需要。

第二节　种子处理

牧草在播种前，常进行必要的种子处理，目的在于提高种子的萌发能力，保证播种质量，为牧草的苗壮生长创造良好的条件。在牧草种子生产中，由于其播种量低于大田播种量，播种前的种子处理尤为必要。

牧草播前的种子处理工作，包括豆科牧草硬实种子的处理、禾本科牧草后熟种子的处理、豆科牧草的根瘤菌接种、禾草种子的去芒及各类牧草的防病措施。

一、硬实种子及后熟种子的处理

（一）硬实种子的处理

如前所述，豆科牧草种子中，不同的种类常含有一定比例的硬实种子。播种豆科牧草，必须进行硬实种子的处理工作。

1. 擦破种皮

擦破种皮是最常用的一种方法，特别适用于小粒种子的处理。这是一种物理—机械的处理方法。摩擦豆科牧草种子的种皮，使种皮产生裂纹，让水分沿裂纹进入，从而解决硬实种子的种皮不透水性，有利于种子萌发。当大量处理时，可以利用除去谷子皮壳的碾米机进行处理，也可以在豆科牧草种子中掺入一定数量的石英沙砾，用搅拌器搅拌、震荡，亦可达到擦破种皮的目的。有报道称，采用这种方法可使草木樨种子的发芽率由30%～50%提高到80%～90%，常云英种子的发芽率由47%提高到95%。处理时间的长短，以种皮表面粗糙、起毛，不致压碎种子为原则。

2. 变温浸种

对于颗粒较大的种子，通常采用热水浸泡处理的方法。将硬实种子放入温水中浸泡，水温视种类的不同而不同，以不过于烫手为宜。浸泡一昼夜后捞出，白天放在阳光下暴晒，夜间转至凉处，并经常加一些水使种子保持湿润。2～3日后，种皮开裂，当大部分种子略有膨胀时，即可趁墒播种。此法适用于土壤湿润的或有灌溉的土地上。当水温较高时，种子浸泡时间可适当缩短。据研究，苜蓿种子在50～60℃热水中浸泡半小时即可。据试验，将蒙古岩黄芪种子用78℃热水浸泡种子至冷却，历时72小时后，其发芽率由23%提高到82.5%。用两开对一凉的办法，将毛苕子种子浸泡一昼夜，亦可收到同样的效果。

用这种方法进行种子处理，可以加速种子在萌发前的代谢过程，通过热、冷更迭，促进种皮破裂、改变其透性，促进其吸水、膨胀、萌发。

3. 高温处理

在豆科牧草硬实种子处理上也有采用高温方法的。国外有人对三叶草种子进行过试验，处理时间为10分钟。试验表明，随着温度的升高，硬实率随之下降：当温度为28℃时，硬实率下降到46%；温度增高至78℃时，硬实率下降至22%；温度再升到98℃时，硬实率下降至12%。

4. 采用秋冬播种方法

在生产实践上，有时采用秋冬季播种的方法，称为寄子播种。用这种方法播种，种子的萌发不是在当年，而是在翌年春季。播于土中的种子在冬季自然冷冻的作用下，使种皮破裂，从而解决其不透水性。鉴于在自然冷冻作用下有促进豆科硬实种子萌发的作用，有人认为在播种豆科牧草时，在种子中保持一定比例的硬实种子，是有好处的。冬季寒冷，常使生长的豆科牧草遭受冻害而自草丛中消失，但能促进硬实种子的萌发，这样，硬实种子有恢复植株在冬季死亡或自然衰亡的后备作用。此外，用稀硫酸处理硬实种子，亦可收到良好的效果。

（二）后熟种子的处理

1. 晒种和加热处理

晒种的方法是将种子摊成5～7厘米厚，在阳光下曝晒4～6日，每日翻动3～4次，阴天及夜间收回室内。这种方法是用太阳的热能促进种子的后熟。寒冷地区及阴雨天气时可采用加热处理的方法。加热处理的温度以30～40℃为宜，温度过低，达不到加热处理的效果；超过50℃时会产生有害的作用。加热处理的效果，取决于种子干燥的速度和干燥前的状态（成熟度、湿度）。据报道，当新收获的草庐种子的湿度从25%增高至56%时，其出苗率自80%下降到39%。由此可见，湿度过高，特别是在高温条件下，加热处理对种子萌发有相当大的不良影响。加热处理的具体方法很多，如室内生火炉以提高气温及利用火炕和大型电热干燥设备等。用大型电热干燥设备进行加热处理，温度和时间能较准确地控制，花费时间短，效果好；但设备较复杂，花费也较大。

2. 变温处理

变温处理对加速禾草通过后熟有良好的作用。所谓变温处理，是将种子置于低温条件下萌发一定时间，然后再将其置入高温条件下继续萌发一定时间，在一昼夜间交错地进行，是使种子萌发的一种方法。关于变温的温度，有人主张高温为30～32℃，低温为20℃；有人主张低温与高温应保持较大的温差，并认为对多年生禾本科牧草最适宜的温度是：低温8～10℃，高温为30～32℃；此外，在一昼夜间低温处理的时间要比高温处理的时间长一些，即在低温下16～17小时，高温下7～8小时。

关于变温处理促进萌发的理论基础，有人认为，变温能使种皮伸缩而受伤，水分得以透入；有人认为变温能增强酶的活性；也有人认为变温能促进呼吸作用，使储藏物质转变为可溶性，将种子置于低温条件下，其呼吸作用减弱，养分保留下来可供胚生长需要，从而促进萌发。

3. 刺破种皮

已知种皮的不透性是种子后熟的原因之一，因而刺破种皮，可以打破禾本科牧草种子的后熟，从而提高其萌发率。1980年，我们开展了一项试验：将具有后熟的野大麦及老芒麦种子用刺破种皮的方法来促进其种皮透气，以提高其萌发率。经6次试验平均，野大麦未经刺破种皮的种子，其实验室发芽率仅为16.8%，经刺破种皮处理的为83.9%；用老芒麦进行的试验则相应为8.1%及75.8%。采用这种方法时，可将禾草种子中混入的石英沙砾进行震荡（如同处理豆科牧草硬实种子的方法一样），即可收到良好的效果。

4. 沙藏处理

有些湿生禾草如虉草、甜茅的种子，可以利用沙藏处理的方法来提高其萌发率。一般采用稍湿润的沙子将种子埋藏于其中，埋藏的时间视种类不同以1～2个月为宜。沙藏方法又分为冷藏及热藏两种，冷藏是将种子置于1～4℃的低温条件下，热藏则是置种子于12～14℃的较高温度下。两种方法相比较，以热沙藏法的效果较好，可缩短处理的时间。

近年来，一些化学药品已被成功地用来打破种子的休眠，氧化氢、氢化钠、硫化氢、氢氧化铵、氰化钾、硝酸钠及硝酸钾对休眠的水稻种子的萌发有促进作用，过氧化氢、次亚氯酸钠、硝酸钾对增进一种狼尾草属植物种子的萌发有效。此外，乙醇、赤霉素酸等对处理沼生菰的种子均有促进萌发的功效。

二、豆科牧草种子的根瘤菌接种

（一）接种根瘤菌的必要性

空气实质上是氮和氧的混合物，按体积计算，约有50%是游离的纯氮，这种游离的氮每亩地的上空约有5 830吨，这是一个庞大的氮源，但是，这些氮素一般植物是不能利用的，豆科植物与根瘤细菌共生则可以利用这种氮源，这早已为人们所熟知。豆科植物的固氮量约占生物固氮量的60%，其固氮数量在氮肥的需要上占有相当的比重。例如在美国，豆科植物从空气中所固定的氮估计每年可达400多万吨。因此，草地播种豆科牧草，就成为草地释放氮素的重要来源，用豆科牧草代替草地施氮肥是可行的。

为什么种植豆科牧草及作物就能固氮呢？这是由于当豆科牧草及作物生长于原产地及良好的土壤条件下，根上能形成一个瘤状物，通常被称为根瘤。只有当土壤中存在这一豆科牧草所专需的细菌并达到一定数量时，这种根瘤才能形成。这种能使豆科牧草根上形成根瘤的细菌，叫作根瘤菌。一定的豆科植物和一定的根瘤菌只有在相互配合下才能形成根瘤，并赋予土壤以肥力，它们之间的关系，是一种完全共生的关系。豆科植物以根瘤的形式供予细菌以居住条件和生活所必需的糖类、碳水化合物等食物以及专门加工的原料，根瘤细菌利用这些食物的同时，变换空气中游离的氮，使之能为植物所吸收利用，并建立氮的化合物，形成植物的蛋白质。

在生产实践上，很多栽培牧草的土壤由于缺乏这些根瘤菌，或者由于某类豆科牧草的根瘤菌太少，或者已丧失其固氮能力，在豆科植物根上不能形成根瘤，而不能固定空气中游离的氮以供牧草生长。所以，在土壤中补充一定数量的某一豆科牧草所需的专门根瘤菌，是防止豆科牧草缺氮，促进其生长、恢复与提高土壤肥力，增加牧草产量与增进其品质所必不可少的措施。为此，通常在豆科牧草播种前，将它所需要的专门根瘤菌与其种子拌合。这种方法即通常所说的根瘤菌接种。

豆科牧草能凭借根瘤菌固定大量氮素，因此，对豆科牧草进行根瘤菌接种即能提高产量，改进其饲料品质。

大多数的农地都需要进行接种，特别是在下述情况下更为必要：

某一豆科植物首次种植时，特别是种植于新垦的土地上；

同一豆科植物经 4～5 年后再次种植于同一土地上时；

当不良环境条件已得到改善而再次种植豆科牧草时（如土壤酸度高、缺乏牧草所必需的营养物质、土壤过于干旱等）。

（二）根瘤菌种类怎样进行接种

豆科牧草根瘤菌固氮的效果取决于很多因素，这些因素包括豆科牧草的种类、细菌效果，土壤类型及其利用程度，土壤酸度、湿度及气候条件等。

首先，要正确地选择根瘤菌种类。根瘤菌是一些不同的种族。现已查明，根瘤菌可分为 8 个互接种族。互接种族即某一类的根瘤菌适于一定类别的牧草或作物，在同一类的豆科植物间，可以互相接种，而在不同类别的豆科植物间则无效，例如，苜蓿与草木樨能互相接种，而不能与三叶草或其他豆科植物接种。这 8 个互接种族是：

第一，苜蓿族可接种于苜蓿、草木樨、葫芦巴属植物。

第二，三叶草族可接种于三叶草属植物。

第三，豌豆族可接种于豌豆属、蚕豆属、山黧豆属、鹰嘴豆属等植物。

第四，菜豆族可接种于菜豆属的一些种。

第五，羽扇豆族，可接种于羽扇豆、乌足豆属植物。

第六，大豆族可接种大豆属植物。

第七，豇豆族可接种的植物种类有豇豆、赤豆、猪屎豆和胡枝子等属植物。

第八，紫云英属可接种紫云英属及黄芪属植物。

研究表明，这些互接种族的界限并不是绝对专性的，在上述各族中情况又有所不同。

其次，要注意选择那些有效的根瘤菌菌株。有效根瘤菌形成的根瘤主要集中在主根上，个体较大，表面光滑或有皱纹，其中心粉红色或红色；无效根瘤菌形成的根瘤，通常分散在第三级侧根上，数量较多，个体较小，表面光滑，其中心白色带绿。有效根瘤大而长，明显地含有膨大的类菌体，而无效根瘤小而圆，仅含有杆菌，且常被一层黏液包裹着，阻碍了养分和氧气的充分吸收。此外，无效和有效根瘤之间的另一明显差别是，后者有红色素而前者没有，而红色素的形成与类菌体是有质的联系的，因而有效根瘤能很好地固氮，无效根瘤的固氮能力很低或几乎不能固氮。

（三）高效共生固氮的条件

要发挥根瘤菌和豆科牧草共生固氮的作用，必须满足其生存条件和具备建立共生关系的有利因素，以最大限度地发挥其共生固氮的效率。

土壤湿度是最重要条件之一。土壤含水量保持在田间最大持水量的60%～80%时，根瘤的形成与牧草的产量均最好。这是由于固氮强度与水分消耗密切相关。当根瘤中固氮酶活性开始出现时，水分的消耗急剧上升。如果降低根瘤本身余水量，则会强烈地抑制呼吸作用和固氮作用，破坏植物细胞和根瘤细胞之间的胞间联系，接着可能使根瘤皮层细胞的细胞质皱缩，从而使根瘤破坏。因此，必须注意到牧草地的排水与灌溉。

土壤的通气状况（主要是含氧量）影响根瘤菌在土壤中的活动，影响根瘤的固氮活性。氧气含量下降到15%时，固氮效率降低30%～40%。

温度对根瘤菌也有很大的影响。温带地区的豆科植物在7℃时结瘤作用延迟，但仍可结瘤。热带地区的豆科作物在温度低于20℃时，即严重地影响共生作用。但是超过适宜温度的高温条件，也强烈抑制根瘤的形成和固氮作用。如蚕豆和豌豆植株在30℃时不能形成根瘤；温室条件下栽培紫云英，当温度高于25℃时，结瘤作用显著降低。

此外，诸如土壤酸度、化合态氮素、矿质营养等对根瘤的形成及共生固氮作用均有很大的影响。

（四）接种根瘤菌的方法

1. 用干瘤或鲜瘤接种

（1）干瘤法。在豆科牧草开花盛期，选择健壮的植株将其根部仔细挖起，用水洗净，再把植株的地上茎叶全部切除掉，然后放入避风、阴暗、凉爽、不易受日光照射的地方，使其慢慢阴干。至牧草播种前，可将上述干根取下，弄碎，即可进行拌种。一般每2亩播种的种子可用5～10株干根。也可以用干根重1.5～3倍的清水与经弄碎后的干根搅混，在20～30℃的温度条件下经常搅拌，使其繁殖，经10～15天后，即可用来处理种子。

（2）鲜瘤法。用0.5千克晒干的菜园土或河塘泥，加一酒杯草木灰，拌匀后盛入大碗中，盖好，蒸0.5～1小时，待其冷却。将选好的根瘤30个或干根5～10株磨碎，用少量冷开水或米汤拌成菌液，与蒸过的土壤拌匀，如土壤太黏重，可加适量细沙，以调节其松散度。然后置于20～25℃的温箱中保持3～5天，每日略加冷水翻拌，即可制成根瘤菌剂。拌种时，每亩用根瘤菌剂50克左右即可。

2. 用根瘤菌剂拌种

根瘤菌剂经济，使用简便，播种前按说明规定用量制成菌液洒到种子上，并予以充分混拌，使每粒种子都能均匀地沾到菌液。种子拌好后，应立即播种。用根瘤菌剂接种的标准比例是每千克种子拌5克菌剂，增加接种剂量可以提高结瘤率。

近年来有一种被大量应用的新接种剂产品——Vitro-gin，它是由泥炭颗粒与数十亿合适的根瘤菌混合制成，播种时将其均匀施入土壤中。在这种情况下，接种的不是种子，而是土壤。

用根瘤菌拌种应注意以下几点：

第一，根瘤菌不能与日光直接接触。用根瘤菌拌种过的种子，在阳光下暴露数小时，根瘤菌即可被杀死。因此，拌种时宜在阴暗、温度不高且不过于干燥的地方进行，拌种后应立即播种和覆土。

第二，在播种前为了防除某些病害，常进行种子消毒处理，以杀死附于种子上的病菌。某些药物对于根瘤菌是有毒害的，如根瘤菌与化学药剂接触超过30～40分钟，即可被杀死。因此用化学药物拌种过的种子拌种根瘤菌，应随拌随播。在生产实践上对种子进行化学药品消毒时，为了更好地杀死病菌，常在消毒后将种子堆于小堆中一定时间，这时就不能进行根瘤接种。在播种时，可将根瘤菌与麦麸、锯末及其他惰性物质混合，预先播于土壤内，然后再播种消毒后的种子。

第三，已拌种的种子，不能与生石灰接触。如肥料的数量及浓度不致损害种子的萌发，则也不致损害根瘤菌。

第四，大多数的根瘤菌适生于中性或微碱性的土壤，过酸性的土壤对根瘤菌不利，而且豆科牧草生长的pH范围又常常宽于根瘤菌所适宜的pH范围，因此在酸性土壤上，应施用石灰。

第五，根瘤菌不适于干燥的土壤，因此，拌种后的豆科牧草种子不能播于干旱的土壤上。在干旱的土壤上，根瘤菌只需几小时就能被杀死。此外，土温过高，特别是干燥与高温相结合时，是影响拌种效果的一个重要因素。过湿及排水不良的土壤，除少数牧草外，一般均生长不良；排水及通气良好的土壤，是豆科牧草高产的重要条件，也是根瘤菌大量固氮所必需的环境。

3. 包衣种子

将黏合剂、接种剂、粉剂及肥料等材料与种子混合包裹起来并制成丸状或球状称为包衣种子，又称球化种子或种子丸。用包衣种子播种既可增加种子的流动性和种子的体积，有利于均匀播种，而且有接种及使用种肥的作用。

种子包衣的工作早在1941年已开始研究，目前新西兰、澳大利亚等国在生产上已广泛采用。

黏合剂和粉剂的用材介绍如下：

黏合剂有阿拉伯树胶及取代纤维素两类。阿拉伯树胶具有防腐和容易解潮的特点，大小如粗沙粒，其颗粒通过8目筛孔。将100克阿拉伯树胶溶解于230毫升新鲜的净水中，不断用力搅拌30分钟，待完全溶解后，可提供约280毫升的树胶溶液。如用热水加快树胶溶解时，必须待其溶液冷却后，才能加入接种剂。用于取代纤维素作黏合剂时，可选用甲基乙基纤维素、甲基羟丙基纤维素或羧基甲基纤维素。甲基纤维素黏合剂在应用之前按比例配成溶液，于280毫升净水中，加入14克甲基纤维素类黏合剂，加热溶解并待其冷却后即可应用。

通用的粉剂有两种，即碳酸钙和磷酸盐岩。用碳酸钙类作为粉剂时，应将其磨细到能通过网眼300目的筛子。用普通农用石灰作为包衣粉剂材料时，常因其颗粒大而不易成功。用石膏粉及细石灰较为适合。含水及建筑用石灰不能用来制作包衣的粉剂。磷酸盐岩为含有磷酸钙的沉积岩。

种子包衣制作的方法是：将已配好的黏合剂倒入接种剂中充分混合，然后将混合液倒入待制包衣的种子中，充分予以搅拌（最少应搅拌5分钟以上）。280毫升的黏合剂和70克的接种剂制成的混合液，可供小粒种子（白三叶草）、中粒种子（地三叶）7千克和大粒种（豌豆）14千克制作包衣之用。种子与混合液充分混合后，立即加入3～4千克细石灰或其他粉剂、肥料等，并迅速而平稳地混合1～2分钟，直至包衣的种子能均匀地散开即可。混合时间过短，将会留下多余的粉剂，使种子包裹不良；如混合时间太长，则会造成石灰堆积并导致碎裂与剥落。而过多的黏合剂加入种子内，将使种子结块，使粉剂加入后不易散开。因此，掌握混合时间与黏合剂的比例是一个重要的问题。

三、种子去芒及消毒

（一）种子的去芒

一些禾本科牧草的种子，常具有芒、髯毛或颖片等附属物，这些附属物在收获及脱粒时不易除掉。为了增加种子的流动性，保证播种质量以及烘干、清选等作业的顺利进行，必须预先进行去芒处理。

种子去芒处理可用去芒机，常用的有锤形去芒机。这种机具构造简单，一般包括有去芒、筛离及通风排气3个部分，使用方便。

如缺少去芒专用的机具时，也可将种子铺于晒场上，厚度为5～7厘米，用环形镇压器进行压切，然后经筛除即可收到去芒的效果。

（二）种子的消毒

种子的消毒，是为了预防病虫害的主要生产措施。很多牧草的病虫害是由种子传播的，如禾本科牧草的毒霉病、各种黑粉病、黑穗病，豆科牧草的轮纹病、褐斑病、炭疽病，以及某些细菌性的叶斑病等。因此，在种子田播种之前，为了减少和杜绝病虫害的发生和传播，种子应进行必要的消毒处理。

种子进行消毒处理，可视情况采用如下的方法。

1. 筛除或盐水清选

苜蓿等牧草的菌核病、菟丝子以及禾草的麦角病等都可以采用筛除或盐水清选的方法。混有苜蓿菌核病和苜蓿子蜂的种子，可用比重为1.03：1.1的食盐水（5千克水中加食盐0.5千克）淘除种子中的菌核，或用50千克水加12.5千克过磷酸钙淘除亦可；对麦角病菌核可用20%～22%的盐水淘除。对混于豆科牧草种子中的菟丝子种子，则可用筛除消选，或用种子表面结构不同所采用的方法进行清选。

2. 药物浸种

石灰水、福尔马林等是常用的浸种药物，对于豆科牧草的叶斑病、禾本科牧草的根腐病、赤霉病、秆黑穗病、散黑穗病等，可用1%的石灰水浸种；对于苜蓿的轮纹病可用50倍福尔马林液或1 000倍的抗生素四〇一液浸种。

3. 用药粉拌种

播种前用粉剂药物与种子拌合，拌后随即播种。菲醌是一种常用的拌种药剂，视牧草及病害情况不同，其用量有所不同。对苜蓿及豆科牧草的轮纹病，可用种子重量6.5%的菲醌拌种；对三叶草的花霉病可用35%的菲醌按种子重量0.3%的剂量拌种。

其他拌种用的药物有福美双、萎锈灵等。用种子重量0.3%～0.4%的福美双拌种，可以防除各种散黑穗病；用种子重量0.7%的50%可湿性萎锈灵粉剂，按种子重量的0.5%拌种，可以防除苏丹草的坚黑穗病。

4. 温汤浸种或温冷浸种

对豆科牧草的叶斑病、红豆草的黑腐病，可用50℃温水浸种10分钟；对于禾本科牧草的散黑穗病，可在播前用44～46℃的温水浸种3小时，或先在冷水中浸种4～6小时，再在50～52℃温水中浸种2～5分钟，然后迅连放入冷水中冷却，取出晾干后即可播种。

第三节　种子田的播种

播种是牧草种子生产中关键一环。牧草播种具有较严格的季节性，为了不误农时，保证苗全、苗壮和获得优质高产的牧草种子，必须认真做好播种这项工作。

大田栽培的牧草，不论是刈割或放牧用，多采用禾本科—豆科牧草混播的方式。种子田的播种则多采用单播，这是由于在单播的条件下可以获得更高的种子产量，而且也不需两种种子分离时所需要的耗费。虽然，在生产实践上也可以从混播牧草地上采收种子，但这种混播牧草地并不是为了生产种子而专门建立的，而是在种子来源不足时所采用的一项权宜措施。

一、播种时期

在种子生产中，特别是在北方旱作条件下，什么时候播种具有十分重要的意义。适宜播种期的确定，应该考虑到如下的因素：

第一，水、热条件有利于牧草种子的迅速萌发及定植，确保苗全苗壮。

第二，杂草危害较轻，或在播种前有充足的时间消除杂草，减少杂草的充塞与危害。

第三，有利于牧草安全越冬。

第四，符合干各种牧草生物学特性的要求。

牧草的播种期视地区条件、牧草种类分为春播、夏播、夏—秋播、寄子播种 4 类。

春播季适于春季气温条件较稳定、水分条件较好、风害小而田间杂草较少的地区。春性牧草及一年生牧草由于播种当年可以有所收获，也应该实行春播。我国北方一些有灌溉条件的半荒漠及荒漠地区，春季可利用高山融雪进行灌溉，夏季气温较高不利于牧草生长及幼苗越夏，而秋季时间短，天气骤寒不利于牧草越冬，在这些地区，一般也采用春播。但春播时杂草为害较严重，需注意采取有效的防除措施。

在我国北方，如东北地区、内蒙古、山西、甘肃、陕西等地，春播时由于气温较低而不稳定，降水量少，蒸发大，风大且起风日数较多，不利于牧草的抓苗和保苗。土壤中水分的多少，在旱作栽培的条件下主要取决于头一年夏、秋季节的降水及春季融雪后在土壤中所蓄积的水分。在春季风大而干旱的情况下，这些水分往往很快丧失殆尽。根据在内蒙古锡林郭勒盟干旱草原地区对土壤水分动态测定的结果表明：4 月 25 日，0～5 厘米土层的含水量为 15.72％；至 4 月 30 日，土壤含水量即下降至 11.86％；至 5 月 10 日，土壤含水量下降至 5.77％；至 5 月 20 日又下降至 4.52％。这种情况在我国北方地区是十分普遍的。因此，在这些地区，春播失败的可能性较大，在风大、土壤质地较轻而结构不良的土壤上，甚至连种子也被刮走，以致不得不进行补播或重播。牧草，特别是小粒种子的牧草，由于种子甚小，一般适于浅播，加之以种子萌发后幼苗的生长又极慢，所以春播失败的可能性较一般农作物就更大了。

但是，应该看到，我国北方上述的一些省份，既有春季干旱、低温、风大等不利因素，也有夏季或夏、秋季节气温较高而稳定，降水较多，形成雨、热同季的有利因素。这些条件对于多年生牧草的萌发和生长极为有利的。如果在播种前能合理地进行土壤耕作或采取适当的防除杂草的措施，则杂草的为害也较轻。因此，在这些地区，对栽培多年生牧草，特别是在旱作条件下播种，夏播或夏—秋播是极为重要的一项措施。

1974—1975 年曾在内蒙古锡林郭勒盟进行过牧草分期播种的实验，供播种的牧草有白花草木樨、紫花苜蓿、羊草、无芒雀麦及披碱草，从 4 月 30 日起至 9 月 3 日止，共播种 12 期。

从不同播种期与牧草的萌发速度来看，5 月底以前的 3 个播期，除披碱草萌发外，其他牧草均未萌发，披碱草从播种至萌发历时 41 天；6 月 3 日播种的牧草，至 7 月 12 日才出苗，历时 40 天；6 月 23 日播种的，7 月 12—17 日全苗，历时 20～25 天；7 月 5—30 日播种的 3 期，从播种至全苗历时 9～21 天，大多数牧草为 10～13 天；8 月以后播种的各期，从播种至全苗历时稍长一些，为 16～22 天。由此可见，夏播或夏—秋播种，由于水、热条件较适宜，牧草萌发也较迅速。

就不同播期牧草的出苗保苗数来说，5 月底播种的各期，除披碱草外，几乎没有苗，6 月内的 3 个播期的各种牧草，在 1 米长的行上白花草木樨有苗23～66株，紫花苜蓿 39～52 株，无芒雀麦 35～59 株，羊草为 3～38 株，披碱草有 48～98 株。7 月内的 3 个播期中，在 1 米长的地段上，百花草木樨有苗 45～80 株，紫花苜蓿有 29～90 株，无芒雀麦有 52～108 株，羊草为 43～90 株，披碱草有 44～94株。总的说来，就出苗保苗数而言，6 月高于 5 月，7 月的又高于 6 月。就不同播期与田间杂草生长的情况看，可以分为 3 个阶段：第一个阶段从 4 月 30 日至 5 月中旬以前，越向前期杂草数量越多；第二阶段，6 月中旬至 7 月中旬以前，越向后期杂草数量越少；第三阶段是从 7 月下旬以后，这时田间几无杂草。

北京地区也做过类似的试验，在夏—秋播种的苜蓿，猫尾草、大麦草、无芒雀麦等，从播种至萌发所需天数较春播短很多，而且出苗整齐，生长一致，田间杂草很少。

由此可见，这些地区夏播或夏—秋播种具有较大的优越性。此外，进行夏播或夏—秋播种还可以适当地调节劳动力和机具。

秋播主要适用于我国南方一些地区，播种时间多在 9 月。这些地区春播时杂草为害较严重，夏播时由于气温过高，不利于幼苗的生长。

对于冬性禾草而言，播种当年是不能形成产量的，在夏播、夏—秋播及秋播的条件下，植物在播种当年形成草簇或莲座状，经越冬后，第二年才可收到种子。

二、播种方法及播种技术

种子的形成与高产，要求通风、阳光充足、营养充沛的环境条件，因此与大田牧草栽培不同，种用牧草要求较大的营养面积。

种子田的播种，多采用宽行条播，有时甚至采取穴播或方形播种。采用宽行条播时，视牧草种子、栽培条件的不同，行距有 30 厘米、45 厘米、60 厘米及 90 厘米；方形穴播一般采用 60 厘米×60 厘米或 60 厘米×80 厘米的株行距。研究证明，宽行播种，由于营养面积大，阳光充足，通风良好，在肥沃的土壤上能促进形成大量的生殖枝，可增加繁殖系数。同时，宽行播种还可以延长牧草的利用年限，便于田间管理工作的进行。对于禾本科牧草，特别是对于施肥敏感的禾本科牧草，多采用宽行播种。在繁育下繁禾草时，如采用窄行播种，则形成大量营养枝，生殖枝很少，因而种子产量低。

宽行播种的播种量，一般低于大田播种量，这是因为在宽行稀播才能获得较好的产量，特别是鸭茅这一类分蘖能力较强的牧草，表现尤为明显。据多年生黑麦草、鸭茅及猫尾草3种禾草在不同播量下种子产量的试验资料表明；如以每公顷播量为1.12千克时的种子产量为100%，当播种量增至5.6千克时，种子产量下降7%～27%；增至28千克时，种子产量下降21%～47%；增至140千克时，种子产量下降27%～56%。

据有关研究人员对猫尾草（100%的播种量为7千克/公顷，下同）、牛尾草（10千克）、鸭茅（9千克）、看麦娘（7千克）、小糠草（3.4千克）、多年生黑麦草（8.6千克）所进行的播种量与种子产量关系的试验结果来看，上述牧草在100%、75%及50%播量下，每种牧草无论在单位面积上生殖枝数目、种子千粒重、种子产量、稿秆产量及稿秆与种子产量的比例方面，均无明显的差异。

作为种用牧草的播种量，一般较单播时减少1/2甚至还多一些。例如，当鸭茅、多年生黑麦草、高燕麦草、草地早熟禾、红狐茅、猫尾草的播种量较单播减少一半时，种子产量均不同程度增加，其中尤以鸭茅、草地早熟禾增产效果最高。

法国所进行的试验表明，在播种量与行距这两个因素中，对种子产量起决定作用的是播种量，而行距起作用较小。用草地狐茅所进行的试验（表5-1）。

表5-1　播种量与行间宽度对草地狐茅种子产量的影响

单位：千克/公顷

播种量	行间宽度					
	20厘米		40厘米		60厘米	
	出苗率/%	种子产量	出苗率/%	种子产量	出苗率/%	种子产量
5	44.5	998	36.5	938	33.0	948
10	38.0	921	33.0	903	26.5	838
15	37.5	893	27.5	881	27.0	825

注：引自彭启乾《牧草种子生产及良种繁育》，1983。

由于行间距较窄、植株分布较均匀，在相同的播量下，土壤水分及营养物质的利用较为有效，因而种子的产量得以提高，特别是在灌溉与施肥条件下，行间宽度的作用明显地降低了。这种情况下，增加行间宽度，可以提高单株的繁殖系数，而降低了单位面积总的生产力。

各种牧草的播种量列于表5-2。

表 5-2　常见牧草播种量

单位：千克/亩

牧草	窄行条播	宽行条播
紫花苜蓿	1.0	0.5
白花草木樨	1.0	0.5
黄花草木樨	0.9	0.4
白三叶草	0.5	0.3
绛三叶	0.5	0.3
百脉根	0.65	0.35
猫尾草	0.6	0.3
草地羊茅	1.0	0.6
紫羊茅	0.8	0.5
高燕麦草	1.0	0.65
鸭茅	1.0	0.6
老芒麦	1.25	0.7
披碱草	1.24	0.7
羊草	1.5	0.75
多年生黑麦草	0.8	0.6
一年生黑麦草	0.8	0.6
冰草	1.0～1.5	0.65～0.60
无芒雀麦	1.0	0.7
草地早熟禾	0.8	0.5

注：引自彭启乾《牧草种子生产及良种繁育》，1983。

鉴于多年生牧草，特别是冬性的多年生牧草，在播种当年常常不能形成产量，经济上无所收益，而且牧草早期生长又甚缓慢，易受杂草为害及不良气候条件的影响，在播种时，常将其与一年生作物相混播或间播。这种方法称为保护播种（又称覆盖播种），与多年生牧草混播的一年生作物被称作保护作物或覆盖作物。

这种播种方式虽有减少杂草及不良环境对牧草的危害、增加当年收益的好处，但也有其不利的一面，特别是在生长旺盛时与牧草争夺光照、水分、营养，对牧草生长有一定的影响，这种影响不仅表现在播种当年，甚至会影响以后几年牧草的生长、发育和产量。

在种用牧草的栽培上，是否采用保护作物播种的方式还有不同的观点，但总的趋势是，为了迅速获得牧草种子增加其结实率和种子产量，一般多采用无保护播种的方式。

实践上，通常在下述情泥下，多不采用保护作物播种的方式：

第一，加速牧草种子繁殖时。

第二，对播种当年即能获得种子的牧草及地区。

第三，播种短寿命的多年生牧草时，这类牧草生活年限一般为 2～4 年，播种第二年种子产量常为最高产量年份。

第四，繁育下繁牧草种子时。

一些国家和地区，也有对种用牧草采用保护播种方式的，保护作物多采用早熟、矮秆和不倒伏的品种，并且在保护作物收获后，立即加强田间管理。

牧草种子细小，覆土不宜太深，一般小粒种子的覆土深度以 2～3 厘米为宜。根据内蒙古农牧学院牧草组的试验，当牧草种子播于表土上时，每平方米保苗 21 株，萌发不一致，幼苗生长纤弱；覆土 2～3 厘米时，每平方米保苗 68 株；覆土 6 厘米时为 16 株；覆土 8 厘米时为 12 株。播种当年苜蓿干草产量：表土上的为 13.7 千克，覆土 2 厘米时为 333 千克，覆土 4 厘米时为 291.4 千克，覆土 6 厘米时为 96.5 千克，覆土 8 厘米时仅 16.5 千克。对于大粒豆科牧草如红豆草、野豌豆等，覆土深度以 4～6 厘米为宜。

种子的覆土深度看起来是一个很小的问题，但是，在生产上，却常因播种时覆土过深而造成播种失败或出苗不齐的现象。在耕翻后立即进行播种时，由于耕层疏松，很容易出现覆土过深的情况，因此，在播种前，应先进行镇压，使土层下沉，有利于控制覆土深度。

播种后应立即进行镇压，使土壤与土壤紧密结合，有利于种子吸水萌发和防止出现吊根现象。

三、加速牧草种子繁殖的途径与方法

为使某一新品种能很快应用于生产实践，必须加速其种子的繁殖，使其繁殖系数达到最高的程度，缩短其繁殖时间。为此目的，一般常采用加速繁殖的方法。

（一）单粒穴播或宽行稀播

此法不计算单位面积产量，而采用较大的营养面积与特殊的管理措施，促进单株充分分蘖、分枝，以提高其繁殖系数，获得大量的种子。

（二）移栽定植法

在春季，一般于头年秋耕时施用较大量基肥并整地良好的土地上播种。播种的行距可采用 15 厘米，在苗期认真清除杂草和防止混杂。当牧草生长至 8～12厘米时，将所播种的牧草仔细地掘起，单株移栽于肥沃而无杂草的土地上，丛生禾草可采用 50 厘米×50 厘米行株距，根茎禾草可系用 80 厘米×80 厘米行株距。移栽定植后立即进行灌溉，以后按宽行播种的要求，进行田间管理。定植当年牧草生长繁茂，下一年即可收获大量的种子。

（三）分株繁殖和扦插

禾本科牧草可以适当早播，宽行稀植，并多施氮肥促进分蘖，然后利用其大量分蘖进行分株繁殖，以增加单株数量，提高单株系数。苜蓿、草木樨等豆科牧草可在根茎处切割进行分株繁殖。近年来有研究人员利用苜蓿枝条进行扦插繁殖试验，获得了较好的效果，成活率都在80%～90%。其方法是：先整好苗床，扦插前浇水，于蕾期插条。条长5厘米左右，保存一个叶节即可。插前将原有的叶片全部剪去，以减少蒸发，只留下叶腋芽。扦插时将叶节留在地表面。扦插后为使田间保持较好的湿度，可用塑料薄膜或其他透光物品覆盖，并每日浇水一次。一周后即长出叶片，3周后可长出白色根尖，4周后可长出7～8条细根。这时，可在夜间及阴雨天揭开覆盖物，晴天及白昼仍需覆盖，一周后即可不再覆盖。扦插的植株生长发育很快，当年就能开花结实。

第四节　种子田的田间管理

田间管理工作的目的在于消除那些影响牧草生长的不利因素，为牧草繁茂生长和获得高额产量、品质优良的牧草种子创造良好的生存条件。

一、破除土壤板结层

牧草播种后至出苗之前，土壤表层有时形成一层坚硬而板结的土层，影响已萌发的幼芽出土，严重时甚至造成缺苗断垄或根本不能出苗的现象。这种板结层对于小粒种子的禾本科牧草及子叶出土的小粒豆科牧草尤为严重。当土壤表层形成板结层时，已萌发的种子由于无力顶开这种土层，在土壤内形成长而弯曲的芽，最后因营养物质耗尽而死亡。在这种情况下必须及时破除板结层。

土壤板结层的形成，有如下的几个原因：

第一，播种后遇大雨。

第二，播种后种子未出苗前不适当地进行灌溉。

第三，牧草播种时土壤过于潮湿，播后镇压又过重。

第四，牧草播种于低洼含碱多的土壤上，这类土壤当表层水分迅速丧失时，容易形成板结。

根据上述原因，牧草在播种后、未出苗之前，不宜进行灌水，如果因土壤太干旱必须灌水时，应连续灌水，使土壤表层保持湿润直至出苗为止。在过湿地上播种时，应待表土稍干燥后，再覆土镇压。

已形成板结层时，可用短齿耙或具有短齿的圆形耙来破除。后一种工具效果较好，能划破板结层，而不致翻动表土、损伤已萌发的幼苗。

二、防除田间杂草及清除异株

如前所述，牧草播种后早期生长发育很慢，极易受杂草危害；此外，在牧草利用数年后，由于生长速度降低也易于杂草的侵入。在种子田上，那些与种子同时成熟的杂草为害最大，不仅影响牧草的生长而且在收获时混入种子中，影响种子的品质。

防除杂草可用人工或机具铲除，也可用除草剂杀除。人工除草在当前是主要的方法。鉴于牧草在不同生长时期生长状况不同，人工锄草的要求也有所不同。在牧草生长早期，要求早锄与浅锄，因这时杂草苗小，较易于铲除，也不致锄得过深，影响牧草的生长；当牧草生长较旺盛、根系入土较深后，要求锄得较深一些；以后除草可结合中耕同时进行。

目前世界一些先进国家已广泛采用化学除草剂来灭除杂草。如美国，农业支出中用于除草剂的费用仅次于技术装备、肥料而居第三位。近年来，我国东北地区也广泛使用 2,4－D 来防除大田作物杂草。如施用恰当，对禾本科杂草的平均杀草率可达 60％～80％。

除草剂可分为选择性、内吸性与灭生性 3 类。最后一种在农业上利用较少，内吸而选择性又强的有机除草剂在农业生产上被广泛利用，这类药剂用量少而药效好。在除草剂中能杀死双子叶杂草而对禾草无害的有 2,4－D 钠盐、2,4－D 丁酯以及 2,4－D 和 2,4，5－涕丁酯配合乳剂。上述药剂每亩用量为 75～125克，溶水 30～35 千克，作为喷雾处理。用除莠剂来防除豆科牧草地上的杂草，还有一些困难，但已陆续发现了一些很有价值的药剂，如敌稗对杀除狗尾草等一类杂草有良好效果。

除莠剂作喷雾施用，应在晴朗无风的天气进行；在有露水或雨后施用，由于叶面有水，易于减低其药效，药量应增加至 150～250 克。喷后遇雨，药易被淋洗，应再次进行喷洒。为了有效地杀除杂草，应在杂草生长的早期施用，效果好。

有养蜂的地方，最好不要在牧草花期施用除草剂，这些药剂对蜂有毒害。

在牧草种子田中难免混杂其他牧草，这些混杂的牧草在苗期有时是难以区分的，但它们在生育期长短、植株高度、株丛类型、株型或穗型上常常是有所不同的，特别是在抽穗以后比较容易区分。因此，在牧草生长期间，特别是抽穗后至开花前，必须经常巡视检查，发现有非典型的植株或其他品种牧草，都应拔除或挖除，以保证牧草种子品种的纯度。有的国家规定，在某一牧草抽穗后、开花前，由上一级机关派出官员或技术人员进行田间检查，发现有非典型植株，要求种子繁育单位立即将其拔除，如未能拔除或残留的杂混植株超过规定标准，则不允许收作种用。

三、施肥及灌溉

对种用牧草追肥和灌溉，是提高种子产量和品质的重要措施。如同农作物一样，多年生牧草种子产量的高低，取决于单位面积上生殖枝的数目、穗的长度、小穗及小花数、结实率和种子的千粒重。而这些因素的好坏，与水、肥的供应是否充足和适时有密切的关系。

对牧草种子田追肥及灌溉，必须了解牧草地上部分枝条形成的规律和对于水、肥的需要。我国劳动人民在大田禾谷类作物的栽培上，总结出了“攻蘖、攻秆、攻穗、攻粒”的宝贵经验，既指出了正确的施肥和灌溉的时间，也确定了这些措施的目的。这些经验，基本适用于种用多年生牧草的栽培。

禾本科牧草是喜氮的植物，对于磷、钾肥料也需要有适当的比例。追肥和灌溉通常是结合进行的。由于多年生禾草在夏—秋及春季进行分蘖，为了促进其侧枝的形成，对于不同的牧草在这两个时期施用适量的氮、磷肥是必要的。对冬性禾草，在地上部分收获后的夏—秋分蘖时期，施用肥料的数量可以适当多一些，以氮肥为主，磷、钾肥的比例也要稍高一些。但氮肥的数量不宜太多，以免影响其越冬。春季追肥，既有促进春性禾草分蘖的作用，也有助于两个时期分蘖枝条的生长。对于冬性禾草，由于前一年越冬的枝条较快地进入拔节时期，此时除施用氮肥外，磷肥应适当增加，以促进穗器官的分化。对春性禾草，春季施用氮肥的数量应高于对冬性禾草的施用量。禾草进入拔节、抽穗时期，对于水、肥的需要最为迫切，而且是整个生育期内需要量最大的时期，应施用完全肥料。施氮肥可促进生殖枝生长、促进形成更多的小穗和花；磷肥对花器官形成可育花粉、子房正常的发育和种子的形成有重要作用；钾肥在这个时期能促进碳水化合物的形成和转运，对提高光合作用效率、促进茎秆坚韧、防止倒伏都有很大的意义。在肥料充足时可在拔节及剑叶出现时两次施用，但应本着先重后轻的原则。当肥料不充裕时，可在拔节时一次施用，并结合进行灌溉。牧草到了开花灌浆时期，主要是要实现粒大而饱满的要求，此时的特点是除了从外界吸收、同化营养物质外，还依靠营养器官中已累积的物质转化，要求施用适宜的磷、钾肥料和充足的水分，也可以追施少量氮肥，但不能过多，否则会引起徒长，延误成熟，造成减产。

豆科牧草对氮肥的需要不如禾本科草类，而对磷、钾肥的需要高于禾草。对豆科牧草施肥应以磷、钾肥为主，氮肥可在生长早期适量施用。苜蓿在蕾期需要追施一定数量的氮肥，在这个时期，由于根瘤菌的活动能力降低，导致了氮肥的不足。在蕾期根外追施氮肥，可使种子产量提高20%～30%。

作为根外追施磷肥或磷、钾肥，最好是在花期特别是在大量花期进行。对三叶草根外追施氮、磷、钾肥料的一个试验表明：一次刈割的三叶草于抽茎期的施用量，较对照组增产25.4%；始花期施用，增产35.6%；盛花期施用，增产49.7%；在始花及盛花期两次施用时，增产51.3%。

根外追施微量元素，特别是硼，对豆科牧草种子生产具有重要意义。硼能影响叶绿素的形成，加强种子的代谢，对子房的形成、花的发育和花蜜的数量都有重要的作用。根外喷粉时，每亩用量为0.6～0.8千克，而作为喷液时每公顷用量为0.25～0.3千克。

四、人工辅助授粉

禾本科及豆科牧草，在正常授粉的情况下结实率并不很高，授粉与结实率有很大的关系。实施人工辅助授粉，是提高牧草授粉率、增加种子产量的一项重要的农业技术措施。

禾本科牧草人工辅助授粉的方法很简单。牧草开花时，用人工或机具在田地的两侧拉一绳索或线网从草丛上部掠过即可。一方面植株动摇可促进花粉的传播；另一方面落于绳索或线网上的花粉，在移动时可带至其他花序上，从而使牧草达到充分授粉。此外，空摇农药喷粉器，使吹出的风促使植株摇动，也可起到辅助授粉的作用。

对禾草进行人工辅助授粉，必须在大量开花期间及一日中大量开花时进行。人工辅助授粉最好进行两次。对圆锥花序牧草类应于上部花及下部花开放时各进行一次；对于穗状花序牧草，可于大量开花时进行一次或两次，两次间隔的时间视牧草大量开花时间的长短为3～4天。

豆科牧草亦可采用如禾本科牧草一样的授粉方法。但有研究证明，用机械的授粉方法，常使花序及枝条折断，而且在大多数情况下导致自花授粉，从而使后代生活力降低。

养蜂是提高豆科牧草授粉率的重要措施，既可获得蜂蜜，又可大大地提高牧草种子产量。因此，在豆科牧草地上常配置一定数量的蜂巢。在每一公顷地上配置蜂窝的数目，不同国家有所不同。澳大利亚在牧草灌溉地上每公顷配置12窝，非灌溉地为5窝。美国是每公顷配置4～5窝。

蜂巢最好放于豆科牧草种子田内或较邻近的地方。根据国外有关资料，当蜂巢距种子田500米时，能保证授粉良好，可使种子产量提高30%～50%。

野蜂在苜蓿授粉中起着重要的作用，选育和驯化这些野蜂在苜蓿授粉中将具有重要意义。

第六章 饲草良种的收获与清选储藏

牧草种子的收获，在种子生产中是一项时间性很强的工作。在种子收获上需要考虑到两点：既要获得高额产量和品质优良的种子，又要注意尽可能地减少因收获不当所造成的损失。因此，对于种子的收获工作应给予极大的重视，并在收获事前做好一切准备工作。

第一节 良种的收获

一、种子的收获时期

由于多年生牧草播种当年生长发育较慢，常不能形成种子或种子产量极低，为了不影响以后的生长和收成，在播种当年不采收种子，而在条件准许的情况下，可以收刈其茎叶。种用牧草可利用的年限，视牧草种类和农业技术水平不同而不同，一般两年生牧草，如白花草木樨等，种子的收获在其生长的第二年；多年生牧草，其生活年限为2～3年或3～4年，如红三叶、披碱草、老芒麦等，可以在生长的第二年及第三年采收种子，种子的产量一般以第二年为最高；中等寿命的牧草，其生活年限为5～6年，大多数的牧草属于这一类，种子收获的年限为利用的第二、第三年或第四年，以后产量即显著降低；长寿的牧草生活年限为6～8年，种子的最高产量为利用的第三到第五年。在生产上，当种子数量不足，需要从一般大田地上采收种子时，依多年生牧草可利用年限的不同，一般仅准许采种一次，最多两次，以免影响其青干草产量。

在一年中什么时间采种，要根据种子的成熟度、品质、脱粒性以及收获时所利用的工具来确定。

（一）种子的大小

可以利用多年记录的资料，考查单穗花序上最早成熟种子的鲜重。适宜的收获期是在种子达到最高鲜重以后。

（二）种子的水分含量

种子的水分含量与种子的成熟度有着密切的关系。如黑麦草种子成熟时的含水量为43%，成熟以后，每天含水量下降2%～4%。毛花雀麦种子的含水量在盛花时为35%，21天后为7.1%，28天后为5.3%。

（三）种子生物学变化

种子的生物学变化最明显的是成熟时外种皮色素的变化。大部分的荚果变成褐色是证明种子成熟的表现；成熟种子的胚乳含有最稳定淀粉和最低含量的游离糖，很多温带禾本科牧草，可以以游离糖的含量来确定其种子的成熟度，同时游离氨基酸的含量将下降到最低程度，几乎完全转变成为蛋白质。

（四）种子胚乳的浓度

种子的成熟可以分为乳熟期、蜡熟期和完熟期。种胚的形成完成于乳熟期，此时种子为绿色，含水多，质软，呈白色的乳汁状，种子容易弄破。乳熟期收获的种子，干燥后轻而不饱满，发芽率及种子产量都很低，绝大部分不具有种用价值。蜡熟期的种子，呈蜡质状，果实的上部分呈紫色或灰色，但部分种子仍保持浅绿色斑点，种子很容易用指甲切断。至于完熟期的种子，已全部变干，种子的颜色已达正常状态，一般用指甲不能切出痕迹，用力时可将其切断。不同成熟期收获的种子，其品质是不同的，笔者曾对不同成熟期收获的虉草、苏丹草、黑麦草、扁穗雀麦等一年生牧草进行测定，它们的千粒重及发芽率：乳熟初期收获的虉草种子其千粒重为 1.22 克，实验室发芽率为 5.3%；乳熟期收获的相应为 3 克及 23.3%；蜡熟期收获的相应为 5.17 克及 44%；完熟期收获的相应为 6.4 克及 68.3%。对苏丹草等其他牧草的研究也获得了类似的结果。

对草地羊茅、看麦娘、鸭茅、高燕麦草、小糠草、羊茅、草地早熟禾及一年生黑麦草等 8 种禾草的研究看出：乳熟期收获的种子，发芽率较蜡熟期收获的低 6%～30%，千粒重低 6%～40%；较完熟期收获的相应低 12%～36%及 7%～30%。

蜡熟期与完熟期是牧草种子收获的较适宜时期。蜡熟期收获的种子，水分含量稍高，千粒重及发芽率也稍低于完熟期的种子，但收获时种子的落粒性较完熟期收获的要好些，因而种子的损失要少得多；如果在蜡熟期收获后，放在草架上或在草束中较缓慢地干燥时，茎叶中的营养物质在刈后的一段时期内仍可向种子中运送，种子的品质及发芽率仍能得到提高。为了减少收获时的损失，当用人工或简单机械收刈时，一般多在蜡熟期收刈。

为了不错过种子成熟期，延误种子的收刈，在牧草开花结束后应每日视察种子田，了解其种子成熟情况。如果在收获之前经历较长时期阴雨天气而后又进入炎热、太阳强烈的天气时，更应该注意巡视，因为在这种情况下，牧草种子成熟很快，种子收获时间也很紧迫。

很多牧草由于开花时间较长，种子成熟也很不一致，而且很多牧草的种子在成熟时很容易落粒，如收获不及时或收获方法不当，会造成很大的损失。对于豆荚易于开裂的牧草，掌握其适宜的收获期尤为重要。根据有关报道，在陕西一些地区自然条件下，毛叶苕子在 6 月中旬收获时，每亩落粒数最少的有 15.35 千克，最多时可达 33.65 千克。可见种子收获时损失的大小，也与收获方式有很大的关系。

有的牧草种子田第一次刈割时收种子，而以其再生草刈作青、干草或放牧；也有的第一次刈作青、干草，而以其再生草留作采种的。以哪次刈收种子较好，取决于牧草的种类和生长季节的长短。

多年生禾本科牧草的种子田应该以第一次刈割时采收种子，特别是那些冬性或长寿命的下繁禾草，不容许将种子田第一次刈作青、干草而以第二次刈割时采收种子，因为第二次刈割时生殖枝的数量减少，会降低种子产量。根据国外对猫尾草、草地狐茅、无芒雀麦、看麦娘、高燕麦草、小糠草及草地早熟禾等牧草的研究，如果上述各种牧草从第二次刈割时采收种子，单位面积上生殖枝的数量（视牧草种类不同）仅占第一次采收种子时的 9.2%～65%，种子的产量相应为 10.5%～65.9%，影响最大的是草地狐茅、草地早熟禾等。

对豆科牧草中的紫苜蓿及红三叶草，国内外均有从第二次刈割采收种子的记录，这样可以收获产量较高、品质较好的种子。这是因为第二次再生草不致徒长，发育正常，同时由于开花授粉结实处于夏—秋季节，天气较好，日照较短，有利于结实，同时病虫害也较少。

适于从第二次刈割采收种子的地区，牧草的生育期应不少于 180 天，第二次刈割及第一次刈割间隔时间不应少于 90～120 天，因此种子产量的高低与第一次刈割的时间关系极大。第一次刈割以蕾期较好，最迟不应晚于始花期，否则将影响到第二次刈割时种子的产量。当播种量为每亩 0.3 千克时，第一次刈割为始花期，每亩种子产量为 34 千克；而第一次刈割迟至开花后，种子产量下降至 28 千克。国外有人曾指出，如以第一次刈割时的种子产量作为 100% 计，第二次刈收种子时的种子产量也取决于第一次刈收的时间。如第一次刈割在蕾期，种子产量为 108%～135%；第一次刈割在盛蕾期时，种子产量为 150%～189%；第一次刈割在开花期时，种子产量为 88%～106%。曾有学者指出，第二次刈收作为种子时，其种子的产量也与其刈割高度有明显的关系。这是由于在始蕾及蕾期刈青的处理上，单位面积上生殖枝数及在 1 平方米地面上个体的枝条数较花期刈割的较多。在留茬较高的处理中，生殖枝数及单位面积上个体的枝条数也较高于刈割时留茬低的处理。国外的经验指出，第一次刈割如迟一周，则第二次采种的时间就要推迟 2～3 周。因此，第二次刈收种子时应特别注意第一次刈割的时间及留茬高度。

二、种子收获的方法

牧草种子可以用联合收割机、马拉收获机具或人工的方法进行收获。用联合收割机收割，收割的速度快，种子收获工作能在短期完成，同时也可以省去用普通方法收刈时所必需的工序如捆束、运输、晒干、堆垛及脱粒等。

用联合收割机收刈种子时，应在无雾及无露水的晴朗而干燥的时间进行，这样种子易于脱粒，可减少收获时的损失。联合收割机机车行走的速度应慢一些较好，以每小时不超过 1.2 千米为宜。据试验，如联合收割机的前进速度为每小时 1.2 千米时，每亩种子的损失量约为 0.73 千克；如果速度达到 2.1 千米时，则种子的损失量可增高到每亩 5.35 千克。

用联合收割机收刈时，牧草的留茬高度依牧草种类不同为 20～40 厘米，这样可以较少刈下绿色的茎、叶及杂草，减少收获时的困难，降低种子的湿度，减少杂草种子的混入，刈后的残茬，可供放牧或再次刈作青干草。

很多豆科牧草，当种子成熟时，植株茎、叶有的尚处于青绿状态，给联合收割机收获带来一定困难。因此常在种子收获之前洒喷药剂，使茎、叶迅速干枯，这叫“干燥处理”或称“冻霜处理”。洒喷这些药物后，可以促进种子成熟一致，茎、叶干燥，易于收割，减少绿叶进入收割机内，但对牧草生长无害。据报道，羽扇豆在收获前每公顷喷洒 400 升含氰氨化钙 15%的溶液时，加速了叶的死亡，使收获期提早了 12 天，种子的含水量经处理后的第七天从 48.5%下降至 19%，而未经处理的对照区从 48.5%下降至 25.1%；经 12 天后，种子含水量相应下降至 16%及 22.4%；17 天后为 15.3%及 20.6%，且种子的饱满程度、千粒重、产量及发芽率均高于对照区。

用马拉收获机收刈时，最好在清晨有雾及有露水时进行。据报道，鸭茅种子在雾下收获时，每亩种子的损失量为 0.65 千克，而延至午后收获时，种子的损失量增加到每亩 0.9 千克。对小糠草、草地狐茅进行的试验，情况基本相同。对于荚果易开裂的豆科牧草，以清晨时收刈较好，可以减少损失。据陕西棉花研究所报道，毛叶苕子中午收获时要比早晨收获的多损失 23.3%。但仅在清晨有雾时的天气下收获，如种子田面积较大，收获机具又不充足的情况下，势必延长种子的收刈时间，往往会造成更大的损失。

用简单的机具或人工进行收获，一般时间较早。牧草刈后首先铺放于田间或扎成草束，然后经过一段时间再进行脱粒，常常可以比用联合收割机收刈获得较高的种子产量，种子品质较好，萌发率也较高。

在豆科牧草生长过于繁茂或生育期较短的地区，为了加快种子的成熟，使种子饱满，在实践中常采用打顶或刈去侧枝（油枝）的方法，以减少草丛密度，避免荫蔽，缩短花期从而有助于提高种子产量。根据新疆八一农学院的实验报道，在 8 月 15 日将沙打旺在 8 月 10 日以后出现的花序打掉，并进行打顶、打群尖、去空枝和赘芽后，每平方米的种子产量为 76.48 克，而对照区的种子产量仅为 48.89 克。

在土壤水分充足、肥力很高的地区种植禾本科牧草，常因植物生长旺盛而造成倒伏，使种子减产。在分蘖期喷洒 TYP 试剂，可使植物生长较矮而健壮，增加抗倒伏性，从而增加种子收获量。

第二节　种子的清选

新收获的种子中含有很多杂质，为提高种子的纯净度，保证种子的种用品质，有利于种子的安全储藏，在入库前必须进行仔细的清选。

种子的清选是以种子的物理特性为依据的。不同的种子，在大小、形状、长度、比重、表面结构等方面都有所不同。可以利用这些不同，将种子与其他杂质分离出来。

一、利用种子的大小不同进行清选

不同大小的种子或杂物可以用筛子将其分开。粗筛可将混于种子中的粗大物体如稿秆、石块等物清除，细筛可将小于种子的杂物清选掉。清选种子的筛子有不同的孔径及孔型，可根据种子的大小及形状选用。

二、利用种子的长度不同进行清选

一般用来清选的机具多为圆形滚筒状分离器。在圆滚筒上，有一定长凹度的小凹浅孔，清选时滚筒滚动，长度与浅孔相同的种子嵌入浅孔中，长度大于浅孔的种子及其他杂物仍留于槽中；当滚筒向下转动时，嵌于浅孔中的种子即因重力而下降。

三、利用种子比重的不同进行清选

不同种子的比重是不同的，可利用比重板或其他比重方法进行清选。

四、利用种子的表面结构不同进行清选

有一些牧草的种子表面是光滑的，而另一些种子及其他物质的表面是粗糙的。进行清选时，可采用两种方法：一种是将种子通过上覆有毛织品的滚轮，粗糙的种子粘于毛织品上，而光滑的种子则随布轴的转动落于事先准备好的容器内；另一种方法是利用磁性吸引力来清选种子，其法是将铁粉与种子混合，一些铁粉将黏着在粗糙的种子及其他物质上，当种子通过磁场时，粗糙的种子被吸着，而光滑的种子落出，当种子离开磁场时，这些粗糙的种子及杂物即落入另一容器内。

五、利用种子的形状不同来分离种子

圆形的种子、扁平或不规则形状的种子可以用螺旋分离器进行分离。在分离时，那些扁平及不规则形状的种子滑入分离器内层中，而圆形种子则跳入分离器外圈中。某些横面呈三角形的种子，可以利用三角形孔型的筛子进行清选。

六、利用风力进行清选

不同轻重的种子或杂物可以利用空气吸附式鼓风机具进行清选。在上述各种种子清选方法中，普遍利用的是筛选、风选或二者结合的方法。牧草种子品质较差，是我国目前种子生产中存在的一个重要问题。净度太低是影响种子品质的重要原因之一。由于我国大规模地进行牧草种子生产只是近几年才逐步开展起来的，种子清选的机具十分缺少，这是进行种子清选工作的一大困难，还需认真加以解决。

第三节　良种的干燥和储藏

牧草种子收获后到再次播种，一般都要经过一定的储藏时期。储藏方法的正确与否及储藏条件的好坏，都关系到牧草种子的品质，影响到下一代牧草的生产。国营牧草种子繁殖场及其他各级种子保藏单位，都必须十分重视这一工作。随着草原建设事业日益发展，所需商品种子的数量越来越多，国际上种子交换和贸易也逐渐频繁，因此种子储藏的任务也就越来越重。

世界各国都十分重视搜集并保存品种资源，纷纷建立种子保存实验室及基因库，长期保存这些可贵的育种材料。如何更长期地使这些品种资源保持其生活能力，减少繁殖次数，节约开支，减少因繁殖这些资源所耗去的工作量，保持种子的品质特性，世界各国对此都进行了大量的研究。

种子储藏的任务是通过改善种子的储藏条件和加强储藏期间的科学管理，使种子在储藏期间生理代谢和物质消耗降低到最低限度，使其能在较长的时期内保持种子的生活力；并且通过严格的仓库管理制度及种子处理，保持种子的纯度和净度，保证新品种推广和良种计划更新的顺利进行。

一、牧草种子的寿命及其影响因素

种子是一个有生命的有机体。种子的寿命如同其他有机体一样，有其产生、生存和衰亡的过程。关于种子寿命的长短，长期以来，进行了很多研究工作，由于各研究者试验所在地区及种子储藏条件的不一致，对种子寿命的长短

很难获得较确切、统一的概念。

前苏联早年，有科研人员苏饲料研究所在相同储藏条件下，曾对8种豆科和12种禾本科牧草及饲料作物进行了在实验室的条件下不同储藏年限种子发芽能力的试验。试验表明，在8年储藏期间，所有豆科牧草保持有一定的发芽能力，其中发芽率保存较好的有箭筈豌豆、豌豆、紫苜蓿等，较差的有红三叶草、绛三叶和小黎豆。其中几种一年生牧草及饲料作物和多年生禾草中的小糠草的发芽率较高；无芒雀麦、苇状草庐等寿命最短，保存5年后，基本丧失其利用价值；草地狐茅及多年生黑麦草的寿命也不长，储藏7年后，也基本丧失其利用价值。

1980年，北京畜牧兽医研究所对34种饲料作物及牧草种子的寿命进行了研究，并提出发芽率降至50%左右作为更新的标准；提出：

第一，贫花鹅观草、麦宾草、披碱草的种子在第四年失去发芽力，种子寿命为2～3年。

第二，无芒雀麦、扁穗雀麦、扁穗鹅观草、高燕麦草、鹰嘴豆、葫芦巴、胡枝子、洋苋菜这8种牧草至第八年基本失去发芽力。扁穗鹅观草种子寿命为3年，高燕麦草为3～4年；胡枝子为4年；无芒雀麦、扁穗雀麦、鹰嘴豆、葫芦巴、洋苋菜种子寿命为4～5年。

第三，狐茅、柳枝稷、穇子等，第十年丧失发芽力，种子寿命为3～4年或4～5年。

第四，多年生黑麦草、虉草、燕麦、饲用甜菜，在第十三年基本失去发芽力；种子寿命：两种饲料作物为3～4年，两种禾草为8年。

第五，鹅头稗、春箭筈豌豆在第15或16年丧失发芽力；其寿命为9～10年。

第六，以下一些牧草在16年中仍有发芽力：红三叶草种子寿命为5年；冬箭筈豌豆为9～10年；豌豆为10～11年；多花黑麦草、百脉根为13年；苏丹草、紫花苜蓿、杂三叶草为16年。

综合以上研究结果可以看出：

第一，所有豆科及禾本科牧草，经一定储藏年限后，其发芽率均有不同程度的降低，其降低程度视种类不同而有不同。

第二，一年生牧草，无论禾本科或豆科均有较长的寿命，保存5～6年甚至8～10年仍具有较高的发芽率，有相当的种用价值。

第三，豆科牧草一般寿命较长。在豆科牧草中无论野生种或栽培种，凡硬实率较高的，在储藏期内，种子能保持较高的发芽率，寿命较长；红豆草、红三叶草寿命较短，其种用价值为4～5年。

第四，多年生禾本科牧草的寿命不及豆科牧草，8～10年后发芽率均有明显的下降，其中寿命最短的为高牛尾草、披碱草等，其次为无芒雀麦、冰草、高燕麦草等。在禾本科牧草中，无论多年生或一年生的，一般果皮坚硬、光滑的，寿命均较长，如柳枝稷、䅟子、鹅头稗、虉草、苏丹草等。除其他原因外，可能与其种子的吸附作用较差有关。

寿命这一术语，具有相对的概念，种子寿命的长短既取决于种子本身（遗传特性、种子个体生理成熟的程度、种皮或果皮结构细致坚实的程度、种子的硬实性及蛋白质含量的高低等），也与储藏条件有着密切的关系。

关于种子丧失生活能力的原因，主要有如下几种说法：

第一，认为种子经长期储存后，内部可利用的营养物质耗尽，或种子内部的酶失去作用，不能完成促进有机物的分解，致使缺乏生命活动所需的可溶性营养物质，使种子丧失了生活能力。

第二，认为是因种胚受到种子本身代谢的中间产物的毒害作用。

第三，认为是种胚细胞中的蛋白质逐渐凝固而不能转化，以及胚细胞核逐渐变性（如在储藏5年的还阳参的种子中观察到这种情况），导致种子在实际死亡之前产生某些突变现象，并认为这种变化和由于热处理或电离辐射引起的情况相同。

种子作为一个生活的有机体，与外界环境不断进行着新陈代谢。种子与植株所不同的是它已经脱离了母体，不能从母体处得到营养物质的供应而只有营养物质的消耗，这种消耗愈少，种子中储藏的营养物质愈多，无疑对种子的萌发及以后的生长有利。

种子即使处于干燥或休眠状态下，维持细胞生活的新陈代谢（呼吸虽然进行得较缓慢），却在经常进行着。呼吸作用是种子内糖类、脂肪、蛋白质等有机物质在酶的参与下，与空气中的氧气进行氧化，是有机物质消耗的过程。在有充足的氧气供给条件下，进行有氧呼吸，呼吸的结果，使糖类氧化，分解成二氧化碳和水，同时释放出大量的热能。

随着有氧呼吸的进展，种子堆或容器中的氧逐渐耗尽。在氧气供应不足的情况下，种子进行着缺氧呼吸，呼吸的结果，使糖类分解，产生酒精和二氧化碳，放出一定的热量。

酒精的产生会杀死种胚，使种子很快丧失其生活力。

种子在储藏过程中呼吸作用的强弱与外界环境条件有着密切的关系。在这些外界环境条件的诸因素中，水分、温度、氧气以及微生物的数量和活动等是最主要的。此外，种子本身的状况，也与种子的呼吸强度有一定的关系。

水分是种子储藏中的大敌，是种子在储藏过程中丧失其生活能力的最主要的因素。种子含水量愈高，生命活动进行得愈旺盛。这是由于酶随着种子水分含量的增加，转变成溶解状态，使复杂的营养物质变为简单的物质，为胚细胞所利用。水分愈高，水解作用愈强烈，胚的呼吸作用愈旺盛，种子中储藏营养物质的消耗也愈大，对种子发芽率的影响也就愈大。

当种子含水量高于40%～60%时，种子即可萌发，含水量高于18%～20%时，种子堆发热；高于12%～14%时，种子发霉；高于10%～12%时，密封储藏不安全；高于8%～9%时，害虫活跃和繁殖。

水分与种子寿命的关系有如下的准则：种子含水量每下降1%，种子的寿命即增加1倍；种子的含水量在14%～15%，这一条准则是非常适用的。使用这一原则时，其效果呈几何级数增长，如果把含水量为14%的种子与同一种子（其含水量为13%）进行比较，则含水量13%的种子寿命是含水量14%的种子的2倍；如果种子的含水量降至12%，其寿命延长4倍，依此类推。

种子中的水分来源有两个途径，其一，收获以后种子中含有的水分；其二，干燥的种子在湿润的储藏条件下，从空气中吸收水分，使种子本身的含水量增加。在储藏过程中，种子对环境中的水分又不断地进行着吸附和解吸作用。当吸附作用占优势时，种子的含水量增加；当解吸作用占优势时，则种子的含水量减少。因此，种子的含水量便随着环境条件的变化而时增时减，逐渐趋向平衡。当环境条件处于稳定时，经过一定时间，种子的吸附速度等于解吸速度，含水量就保持平衡状态，这时种子的含水量，称为种子的平衡水分。气温低、环境中相对湿度大，种子的平衡水分高；气温高、环境中相对湿度小，则种子的平衡水分低。因此，在相对湿度高的条件下，种子由于吸附作用，也有再次变湿的危险。不同牧草的吸湿性是有很大差别的，豆科牧草的吸湿性高于禾本科植物，在豆科牧草中尤以红三叶草及黄花苜蓿为最；在禾本科牧草中则以无芒雀麦、棱羊茅及草地早熟禾较突出。产生这种差别的原因，与种子的蛋白质含量及种子的颖片等外覆盖物的大小等有关。在高湿度条件下，种子就有较快丧失发芽能力的可能性。因此，使湿润的种子干燥到安全含水量，加强种子储存时期的管理，使种子储藏的场所保持较低的相对湿度，是保证种子品质的一项重要措施。

温度条件也是影响种子寿命的重要因素。处于低温条件下的种子，其呼吸作用很微弱，随着温度的上升，种子的呼吸强度增加，使种子生活力降低，因而影响种子萌发能力。

温度与种子寿命的关系，有如下的准则：储藏温度每降低5℃，种子的寿命就增加1倍，其效果也是呈几何级数。例如库温是27℃，而不是32℃，那么27℃时的寿命比32℃时的寿命长1倍；如果库温降到22℃，其寿命延长4倍。依此类推。

高温，特别是与高湿相结合，种子的呼吸作用显著增强，这是导致种子较快丧失生活力的重要原因。

牧草的种子上集聚着大量的微生物，其中一部分寄生于种子的胚部。从微生物的种类来分，主要有细菌、霉菌、酵母菌、放射菌4类，其中对种子影响较大的是霉菌和细菌。微生物的活动对种子安全储藏有很大的影响。影响种子储藏的微生物都属于异养型，它们在一定的水、热、通气条件下进行生命活动，分泌多种具有强大作用的生物酶，将种子中各种有机物质转变成为简单物质，一部分被微生物呼吸耗费，另一部分则被同化成微生物细胞体内的有机物质，供其生长、发育和繁殖。

种子的含水量、种温、微生物的危害，是外界环境条件中影响种子寿命的主要因素，它们之间又互相影响与促进，在高湿、高温条件下，种子呼吸强度增加，微生物活动加强。而微生物的活动加强又反过来促进种子堆内温度和、湿度的增加，从而导致种子生存能力下降。

因此，严格控制种子湿度、温度，使种子处于低温与低湿的条件下，是种子储藏工作中必须遵循的一个重要原则。

仓库的虫害及鼠害活动情况，种子田机械作用所造成的破损率，种子的成熟度、粒级大小、表面状况及种子中混杂物的性质和数量等，与种子的生存能力和寿命长短也都有着密切的关系。

二、种子的干燥

已知种子的水分含量是影响种子寿命的一个最主要的因素。新收获的种子，即使是在完熟期收获的种子，都含有相当的水分。因此，种子干燥是保证种子安全储藏最基本的措施。

种子经干燥后，可以减弱种子内部的生化活动过程，提高种子储藏的稳定性，防止种子发热霉变。同时，干燥可以促进种子后熟，杀死或抑制有害微生物的活动和繁殖，消灭仓库害虫，从而保持和提高种子的发芽率，改善种子的品质，提高播种质量。因此，新收获的种子必须立即进行干燥处理，使其含水量达到安全储藏所规定的标准。

种子干燥的原理，包含着如下的物理现象：自热能的热传至种子；种子表面的水分移动并扩散到周围的空气中；种子内部的水分向表层扩散。

种子干燥是将种子中不稳定的水分排除掉。种子中游离的水有，浸润水、渗透水、吸湿水3类。浸润水：即借机械力结合的水分，与种子的结合最不稳定，干燥时最先散失；吸湿水：在种子内部的细胞间隙间，能以蒸气或液滴状态存在，这种水不稳定，依空气的湿度而变化；渗透水：是渗入种皮和胚乳全层的水，和种子结合较稳定，它的排除必先克服种子渗透压、毛细管及细胞壁的阻力；在种子干燥后期，渗透水也逐渐丧失。

种子干燥时，其内部的水分转化为水汽。水分转化为水汽的能力及速度，取决于空气中的相对湿度，当空气中相对湿度高时，种子中的水不易转化为水汽而排出，甚至还吸收空气中的水汽；空气中相对湿度低，则种子中水分汽化并排于空中，两者之间的差异越大，干燥的速度越大。

种子的干燥速度也与空气的温度有关。种子在相对湿度很高的空气中与在接近种子本身温度的温度中进行干燥，种子堆的容量越多，干燥速度越快；空气湿度不大，气温较低时，种子中的水分常成液滴状慢慢地从种子堆内层沿着细孔隙向外移动；种子在高温而相对湿度低的空气中进行干燥时，种子内水分遇到高温，很快转化为水汽，从种子内层向外层移动，干燥速度较快，但种子干燥过程中的温度不宜太高，通气也不宜太快。

从种子本身来说，种子的干燥速度与种皮（果皮）的结构和内容物性质、种子的大小和形状等有关。种子的种（果）皮疏松、胚乳（子叶）有较多毛细管空隙、种子小、形状长形或不规则形的，比较容易干燥；反之，种（果）皮紧密细致或有蜡质层、胚乳（或子叶）含蛋白质比例高、毛细管小、种子大、形状呈球形的，则比较难以干燥。

此外，种子与空气的接触越大，种子干燥的速度越快，反之速度就慢一些。

种子干燥的基本原则是：迅速排出种子的水分，而又不能影响种子的品质。

种子的干燥方法有自然干燥和人工干燥两类。

种子的自然干燥，是利用日光曝晒、通风、推晾等方法来降低种子含水量。

用马拉收割机或人工刈割牧草后捆成的草束，是将种子留在植株上自然干燥。在草束中干燥时，为了加速其干燥和不致产生霉烂，一般将草束成行地码成“人”字形，晾晒于晒场上，有利于通风，加速其干燥。可将草束打开均匀摊晒于晒场上，其厚度为5～10厘米，在日光下干燥。在干晒过程中，每日翻动数次，加速其均匀干燥。牧草干燥至一定程度后，即可脱粒。如种子的湿度仍较高时，应将其摊在晒场上曝晒或摊晾，以达到规定的湿度要求。

用联合收割机收获时，种子的湿度常常是很高的，应立即进行晾晒。

种子在日光下曝晒，是利用太阳能作热源进行种子的干燥，这种方法不仅效率高，经济，而且温度适当，种子安全，没有通过机械烘干而可能产生的危险性。同时，日光曝晒能促进种子后熟作用的完成，并具有灭菌杀虫的作用。

用日光曝晒干燥时，应事先准备好晒场。晒场应选择四周空旷、通风而无高大建筑物的地方，以延长日晒时间，增强地面风力，加速种子干燥。晾晒场以水泥铺设的较好，因这种晒场场面结实，地下毛细管不易上升，且晒场场面温度升高较快。晒场的中部应稍高于四周，以免雨后集水。种子在摊晒之前应打扫干净，不要让泥沙、杂草、石子、稿秆以及其他品种的牧草种子混入，以保证种子的纯净度。晒种时以晴天、少云、气温高、空气干燥、有风的天气最好。从我国的情况看，秋季的天气最好。在南方夏季雨水多、气温高，对种子的晾晒不利；北方冬季气温低，对种子的生活力有影响，特别是在种子含水量较高的情况下，危险性较大。在晒场近旁最好搭上简易的棚舍，以备夜间或骤然下雨时存放种子，第二天或雨后晒场干燥后再晾晒。

种子在晒场上摊晒的厚度，一般小粒种子不宜超过 4～5 厘米，大粒种子不宜超过 15 厘米。晾的方式以波浪形为好，这样可以增加种子与空气的接触面。一日内要勤翻动，薄摊勤翻，能使种子加速干燥，上下干燥均匀。

种子的人工干燥法有强制通风干燥法和电热干燥法两种。

强制通风干燥是用风干机向种子堆放处鼓风以加速其空气流动，使种子的水分迅速排走。用简易风干机时，可将其安装在一般平房或简易仓库中，每平方米每次可风干种子 75～100 千克，用风干机由下向上吹风 3～6 小时即可。风干机用 5.5 千瓦电动机（转速为 2 900 转/分）带动。

通风干燥时，种子摊铺的厚度，视种子的湿度而有所不同。一般禾草类种子在湿度为 25％时，厚 1 米；湿度为 22％时，厚 1.2 米；湿度为 18％时，厚 1.5 米；湿度为 15％时，厚 2 米。苜蓿等小粒豆科牧草，在上述种子湿度下，其厚度可相应为 0.6 米、0.75 米、0.9 米、1.2 米。

电热干燥法是用火力滚动烘干器等加热空气来干燥种子。需注意种子的湿度，并根据湿度情况确定其温度的大小。当种子湿度为 18％～30％时，种子加热的温度为 32℃；种子湿度为 10％～18％时，加热的温度为 38℃；种子湿度低于 10％时，加热的温度为 45℃。

种子含水量较高时，最好进行两次干燥，并采取先低后高的原则，使种子不致因干燥而降低其品质。

三、种子的储藏

入库前，必须注意检查种子的湿度。适于储藏的种子湿度，在北方环境条件下，禾本科牧草不应超过 15％，豆科牧草不应超过 13％。超过这一标准时，在入库前必须进行干燥处理。由于种子来源不同，其外表不同。不同湿度、不同外表及不同纯净度的种子应分别存放。

种子储藏必须有种子库。种子库的类型、结构及选材各不相同，可依各地区条件设计建造，可选择朝阳、地势高、地下水位低的地方，土质必须坚实可靠，其坚实度应达到每平方米能承担 10 吨以上的压力，地坪坚实耐用。

种子库本身在设计上要注意通风干燥、防湿、防害，也要考虑到工作方便。种子库库容计算方法，依据储藏方法不同而有不同。

散装库容量：1 立方米种子的容量×仓房实用面积（平方米）可堆高度（米）。

包装库容量：每包种子的重量×仓房实用面积÷1.1 平方米（一般计算每包种子在库内所占面积平均为 1.1 平方米）。

围囤容量：每囤容量（千克）=1 立方米种子容重×囤底面积×囤高（米）。

种子在库内存放的形式有库内散装储藏及包装储藏两类。

散装储藏又可分为全仓散堆、仓内围囤散堆、仓内包散堆 3 种。全仓散堆，不用包装器材，将质量均匀的同一批种子直接靠仓库壁散堆于库内。此法节约包装器材，操作方便，可充分利用仓容，但四壁易受潮湿，只能供短期储藏用。此外，各散堆应间隔一定距离，或用板间隔，以免发生混杂。仓内围囤散堆是用芦席或竹席等围成圆筒形围囤，囤内散堆种子。围囤直径一般2.5～3米，高 3～4 米。囤距仓壁 0.7 米，囤间距 0.5 米，走道应宽一些。这种方法适用于同一库内储藏几种牧草、几个品种或同品种不同等级的种子。

仓内围囤散装，是将部分种子装于麻袋内，并一包包围成围墙，再将其余种子散装在中间。用此种方法时要根据种子的散落性，确定围包的高度与厚度，确保囤包安全、牢固。为了增加包与包之间的拉力，围墙用的种包在堆放时，应包包紧靠并层层压缝，围墙自下而上逐层收进，形成梯形。

仓内包散堆，是用麻袋装放种子，垛堆干仓储藏。此法适用于同一仓内存放多品种的种子，不易造成品种间混杂。袋装堆放形式很多，有平装和通风装两类，可根据仓房条件、牧草种类、季节、种温及种子含水量情况选用。垛堆的排列应与仓房同一方向，种子包距仓壁 0.5 米，垛与垛之间留出 0.6 米宽的走道，以利通风、管理和检查。

种子在储藏期间应加强管理，其任务是保持或降低含水量、种温，控制种子及种子堆内害虫及微生物的生命活动，注意防除鼠害。因此在储藏期间应认真做好防潮隔湿、合理通风、灭虫灭鼠及各项工作。

（一）防潮隔湿

种子吸湿的途径主要有空气中吸湿、地面返潮、漏进雨雪 3 个方面，防潮隔湿工作应着重抓好这 3 个环节。

种子能不断从空气中吸收或散发水汽，使种子内水汽压与空气中水汽压趋向平衡。空气中湿度大，种子很容易吸湿。这种情况虽发生在种子堆的上层，但由于吸湿的机会多，接触面大，如不加注意，也会影响种子的安全储藏。要防止种子从空气中吸湿，关系到仓库密闭性能的好坏，如密闭性能好，在湿度高时应注意关闭门窗，防止湿气进入仓内，密闭时间要求长的，应该把门窗缝隙贴封起来，增强密闭效果；如密闭性能差时，应用各种材料覆盖。

种子在储藏时，地面潮湿的原因有两种：一是地面温度较低，空气中的水汽在地面凝结，尤以水泥地面发生比较普遍，可以通过关闭门窗来解决；二是地下水通过毛细管上升返潮，在这种情况下应改善仓房地面状况，用砖石架桩垫高地面，并做好仓库四周的排水工作。

库房漏水淋湿种子所造成的损失较大。要经常对仓库的进行检查，特别是在雨水较多季节，以便及时发现，早日维修；对已被水打湿的种子，要及时加以干燥处理。

（二）种子库的通风

在种子储藏期间，采用通风办法，促进种子堆内气体交换，从而达到降温散湿，以提高种子储藏的稳定性。

掌握仓内外温度和湿度，通过合理开闭门窗即可达到通风的目的。当种子堆内部温度高时，种子间隙中的空气比重轻，即与外界温度较低的空气对流；两者的温差愈大，对流速度愈快，种子降温效果显著。风压愈大，种子堆内外气体交换愈快，通风效果亦愈好；反之，仓外气温高、湿度大，则种子堆的温、湿度就增高。因此，利用自然通风时，必须正确掌握种子堆内与外界温度、湿度的情况，如仓外温度、湿度低于仓内时，可通风，反之就不要通风。在寒流期间，由于内外温度相差悬殊，容易造成种子堆表面结露，这时就不能通风。在仓内外温度相同而仓外湿度低于仓内时，仓内外湿度相同而仓外温度低于仓内时，都可以通风。在仓外温度高而相对湿度低，或仓内相对湿度高而温度低时，能否通风，应再计算仓内外绝对湿度，进行比较后才能确定。若仓内绝对湿度高于仓外时，可通风；反之则不宜通风。绝对湿度的计算方法是：绝对湿度（克/立方米）＝某温度时的保和气压×此温度时的相对湿度百分比。

（三）种子库的检查

在种子储藏期间，为了掌握种子库内的情况，必须经常进行检查，水分、温度、发芽率、病虫害变化是种子储藏安危的指标，也是检查工作的主要内容。

1. 种子温度的检查

种子温度的检查，应采用定期、定层、定点、定时的“四定”检查方法。定期，即依种子情况和季节，规定期限进行检查；定层，仓内散装的种子应按种子堆上、中、下3层检查，上层离堆表面0.5米，下层离堆底0.5米，上下层之间为中层，高在3米以上时，应加层检查；定点，固定在每层的4个角及中央5个点进行测定，散堆面大的可分段设点，并增加检查点，包装的按垛分层检查；定时，在规定的时间内进行检查。温度测定的次数与周期，根据种子含水量和季节而定。

2. 种子含水量的检查

种子含水量的检查周期，取决于种子温度的变化。一般种子温度在0℃以下时，每月检查一次；0℃以上20℃以下时，每半月检查一次；20℃以上时，每10天检查一次。禾本科牧草种子的种温在30℃以上，含脂肪多的豆科牧草种子种温在25℃以上时，应每天检查。检查方法是3层、5点、15处取样，混合后测定。

3. 种子发芽的检查

在正常情况下每4个月检查一次，如发芽率较快下降时，应认真检查其原因。最后一次检查，应在种子出库前10天进行。种子温度及含水量不稳定时，则应根据情况，增加检查次数。

对于品种资源的长期保存，采取的方法是分装、密封、低温储存。如日本种子库的储藏温度有两种：一种是−10℃30年的长期保存；另一种是−1℃10年以上的长期保存。这种保存方法不仅可以节省劳力，减少开支，而且种子世代进展较慢（30年一代），有利于保存其原有的遗传性。

图书在版编目（CIP）数据

饲草良种繁育轻简技术 / 林克剑等著．—北京：中国农业出版社，2023.6

ISBN 978-7-109-30918-0

Ⅰ.①饲… Ⅱ.①林… Ⅲ.①牧草—良种繁育 Ⅳ.①S540.38

中国国家版本馆 CIP 数据核字（2023）第 126493 号

中国农业出版社出版

地址：北京市朝阳区麦子店街 18 号楼

邮编：100125

责任编辑：刁乾超　　文字编辑：吴沁茹

版式设计：李向向　　责任校对：吴丽婷

印刷：北京缤索印刷有限公司

版次：2023 年 6 月第 1 版

印次：2023 年 6 月北京第 1 次印刷

发行：新华书店北京发行所

开本：700mm×1000mm　1/16

印张：6.5

字数：123 千字

定价：48.00 元
